U0298628

广州市帽峰山森林公园野生动物图鉴

温真松　肖以华　何　清　主　编

中国·武汉

图书在版编目（CIP）数据

广州市帽峰山森林公园野生动物图鉴 / 温真松,肖以华,何清 主编. -- 武汉 : 华中科技大学出版社, 2024.9.-ISBN 978-7-5680-9121-3

Ⅰ. Q958.565.1-64

中国国家版本馆CIP数据核字第202450E4V4号

广州市帽峰山森林公园野生动物图鉴　　温真松 肖以华 何清 主 编

Guangzhou Shi Maofeng Shan Senlin Gongyuan Yesheng Dongwu Tujian

出版发行：华中科技大学出版社（中国・武汉）　　电话：（027）81321913

武汉市东湖新技术开发区华工科技园　　邮编：430223

出 版 人：阮海洪

策划编辑：段园园　　责任监印：朱 玢

责任编辑：陈 骏 郭娅辛　　装帧设计：段自强

印　刷：湖北金港彩印有限公司

开　本：889 mm × 1194 mm　1/16

印　张：15.75

字　数：152千字

版　次：2024年9月第1版 第1次印刷

定　价：268.00元

華中出版

投稿热线：13710226636（微信同号）

本书若有印装质量问题，请向出版社营销中心调换

全国免费服务热线：400-6679-118 竭诚为您服务

《广州市帽峰山森林公园野生动物图鉴》

编 委 会

编写单位：广州市帽峰山景区管理中心

　　　　　中国林业科学研究院热带林业研究所

主　　编：温真松　肖以华　何　清

副 主 编：魏国平　高全钢　许　涵　黄子峻　付志高　贲春丽　曾凡勇

编　　委：（按姓名音序排列）

贲春丽　陈　洁　陈启泉　陈绍红　陈　嵩　陈雯婷　傅尚享

付志高　韩伟晔　何　清　李艳朋　梁　松　刘俊威　柳　鹏

卢春洋　宁咏梅　孙艺嘉　王　焱　魏　薇　温真松　肖以华

谢晓冬　许　涵　杨文娟

前　言

野生动物是地球自然生态系统的重要成员，亦是国家和地区的战略性资源。它们和自然生态系统的其他成员构架起地球的物质循环和能量流动网络，描绘出地球变幻莫测、五彩斑斓的生命画卷，见证着生命秘境的演变与沧桑。

广州市帽峰山森林公园坐落在广州市东北部，距广州市中心约 20 km，总面积为 3097.87 hm^2，是“国家生态文明教育基地”“国家 AAAA 级旅游景区”“省级森林公园”“广东省自然教育基地”“广东省科普教育基地”“生态公益林示范基地”“2023 年度广州影视拍摄取景地”，2023 年被纳入全省重点建设的 100 个森林公园之一和绿美广州生态建设的中片示范区。公园地处南亚热带气候区，地带性植被以南亚热带季风常绿阔叶林为主，园内以低山丘陵为主，最高峰海拔 534.9 m，为广州市区最高峰。公园具有独特的地理位置和优渥的自然资源条件，是广州乃至珠江三角洲地区野生动物重要的栖息地与繁衍地，也是生物多样性热点区域。

《广州市帽峰山森林公园野生动物图鉴》收录帽峰山森林公园陆生野生脊椎动物 216 种，包括鸟类 16 目 45 科 149 种，两栖类 1 目 5 科 16 种，爬行类 2 目 15 科 41 种，哺乳类 3 目 8 科 10 种。其中国家重点保护野生动物 28 种（全部为国家二级保护野生动物），广东省重点保护陆生野生动物 21 种。本书主要介绍所收录的野生动物的形态特征、习性、食性、分布生境，以及部分动物的鉴赏要点等信息。本书作为广东珠江三角洲森林生态系统国家定位观测研究站（后简称“珠三角生态站”）长期生物多样性监测与研究的阶段性成果，是珠三角生态站和广州市帽峰山景区管理中心对既往工作的阶段性总结，也是公园全域网格化红外相机监测野生动物工作的初步成果。本书可以为区域野生动物资源保护工作提供科学依据，为广大野生动物爱好者普及野生动物鉴赏知识，在森林自然教育等方面具有指导作用。本书可作为森林公园管理者、野生动物保护工作者、科研工作者和动物爱好者的基础参考资料。

本书的分类系统为：哺乳纲参考《中国哺乳动物多样性及地理分布》（蒋志刚等，2015）和《中国兽类野外手册》（Smith 等，2009）；鸟纲参考《中国鸟类分类与分布名录（第四版）》（郑光美，2023）和《中国观鸟年报－中国鸟类名录 10.0》（2022）；两栖纲参考《中国两栖动物及其分布彩色图鉴》（费梁等，2012）；爬行纲参考《中国动物志 爬行纲》（赵尔宓等，1999）。

本书的编写得到了广州市帽峰山景区管理中心“华南国家植物园帽峰山生态科普宣教点

建设项目”、广东省林业科学研究院主持的“广东林业生态定位监测网络平台建设”项目、国家林业和草原局“林草科技创新平台运行项目”、广东珠江三角洲森林生态系统国家定位观测研究站、粤港澳大湾区生态保护修复科技协同创新中心等的支持和资助，在此深表谢意。中国林业科学研究院热带林业研究所的李意德研究员、陈步峰研究员在项目实施过程中给予了宝贵的指导，谨致以诚挚谢意！本书部分图片由黄志雄、张亮、黄子峻、陈什旺、陈翠丽、谢海莹、吴铙彤、岑鹏、刘彦鸣、陈志辉、王慧、周纾瑜提供，在此一并致以谢意！

由于编写时间较为紧迫，本书难免有纰漏，敬请野生动物研究者和爱好者进行批评指正。

编 者

2024 年 4 月

目　录

哺乳纲

两栖纲

爬行纲

第一章 总 论

一、自然地理概述

（一）地理位置

广州市帽峰山森林公园（后简称“帽峰山森林公园”）位于广州市东北部，由头陂片区、铜锣湾片区、帽峰山片区、禾场岭片区、茶头窝片区、柯树坳片区、沙罗潭片区7个片区组成。帽峰山森林公园与广州市区、珠江三角洲其他地区之间交通便捷，距离广州中心城区和广州白云国际机场等中心地带约20 km，区位条件比较优越。帽峰山森林公园的地理坐标为北纬23° 16′ 4″ ~23° 19′ 14″，东经113° 22′ 25″ ~113° 30′ 2″，规划面积3097.87 hm^2。

（二）地质

帽峰山森林公园以低山为主，谷深坡陡，基岩是坚硬的、块状的变质岩和花岗岩。在低山的边缘地带（如新广从公路东侧、旧广从公路大源以南两侧）分布着一系列丘陵，其基岩是

抗风化力较弱的中颗粒花岗岩，故山顶浑圆，山坡平缓。

（三）地貌

帽峰山森林公园属珠江三角洲北缘的丘陵山地，为广州市区北缘丘陵地带和九连山脉延伸部分，境内山峦起伏，沟谷交错，溪涧众多，地势中间高、四周低，自中部分别向西北和东南倾斜，形似“草帽”，帽峰山也因此而得名。帽峰山最高峰海拔为 534.9 m，最低海拔为 19 m，多数山头相对高差在 100~300 m。由于强烈的风化和雨水侵蚀，形成山坡陡峭、沟谷深幽的复杂多变的地形。

（四）气候

帽峰山地处北回归线南缘，属南亚热带季风湿润气候，春季四面的暖湿空气沿山坡上升，

与山上的冷空气相遇，凝结成云雾，空气湿度大；夏季吹东南风，加上森林小环境的影响，天气凉爽；秋冬季气候干燥。当地年平均气温 21.8 ℃，1 月份最低平均气温为 13.3 ℃，7 月份最高平均气温为 28.4 ℃，最低极端温度为 -2 ℃，最高极端温度为 38.1 ℃；年降雨量约为 1700 mm，多集中在 4~9 月，占全年的 82.1%，年平均相对湿度为 76.0%，年均日照时数为 1820 h。

（五）土壤

帽峰山林区成土母岩以花岗岩为主，伴有少量的砂质页岩。土壤类型均为赤红壤。土层深厚，一般厚度在 1 m 以上；土壤 pH 值为 4.7~6.0，呈微酸性；腐蚀质层深厚，多在 10 cm 以上，有机质含量为 1.0 %~2.9 %，水解氮含量为 0.175~1.008 mg/kg，速效磷含量为 1.75~5.00 mg/kg，速效钾含量为 20~87.5 mg/kg，森林土壤较肥沃。

（六）水文

帽峰山森林公园内没有大的河流，但是由于宽阔的山体均由良好的森林植被所覆盖，溪涧众多，清澈的山水常年不断，具有丰富的水资源。公园内有多处山塘、溪流。溪流汇聚于森林公园内较大的水库，即铜锣湾水库和沙田水库。其中：铜锣湾水库水面面积 29 hm^2，集雨面积 650 hm^2，蓄水量 2800000 m^3；沙田水库水面面积 39 hm^2。

（七）植被

帽峰山森林公园地处珠江三角洲腹地，位于南亚热带南缘，植物区系处于热带向亚热带过渡的地带，植物表征科以热带、亚热带分布的科为主。公园内植物科的各类热带分布成分之和占区系总科数的 83.50%，纯热带分布和温带分布的科属较少。南亚热带季风常绿阔叶林是公园内的地带性植被，在低海拔地段及山谷有连续分布。山地的中部至上部以常绿阔叶林为主，针阔混交林面积不大，在林缘和水库周边有成片分布的竹林；山顶则以常绿阔叶灌丛、灌草丛为主。公园内还有栽培植被，主要为红锥林、杜英林、尾叶桉林、相思林、黧蒴锥林等。

根据调查，帽峰山森林公园共有维管植物 179 科 569 属 875 种（野生维管植物 780 种，栽培植物 95 种），野生维管植物中蕨类植物 26 科 50 属 90 种；裸子植物 7 科 8 属 10 种；被子植物 146 科 511 属 775 种（其中双子叶植物 132 科 445 属 680 种，单子叶植物 14 科 66 属 95 种）。公园内植物种类较为丰富，以山茶科（Theaceae）、樟科（Lauraceae）、大戟科（Euphorbiaceae）、壳斗科（Fagaceae）、蝶形花科（Papilionaceae）、茜草科（Rubiaceae）等为主，多是热带分布或泛热带分布的种类。常见乔木有马尾松（*Pinus massoniana*）、黧蒴锥（*Castanopsis fissa*）、木荷（*Schima superba*）、华润楠（*Machilus chinensis*）、鹅掌柴（*Heptapleurum heptaphyllum*）、潺槁木姜子（*Litsea glutinosa*）、山乌桕（*Triadica cochinchinensis*）、楝叶吴萸（*Tetradium glabrifolium*）等。主要灌木有米碎花（*Eurya chinensis*）、三桠苦（*Melicope pteleifolia*）、九节（*Psychotria asiatica*）、粗叶榕(*Ficus hirta*)、豺皮樟（*Litsea rotundifolia*）、桃金娘（*Rhodomyrtus tomentosa*）、檵木（*Loropetalum chinense*）等。主要草本植物有芒萁（*Dicranopteris pedata*）、细毛鸭嘴草（*Ischaemum ciliare*）、黑莎草（*Gahnia tristis*）、半边旗（*Pteris semipinnata*）、五节芒（*Miscanthus floridulus*）等。

常绿阔叶林群落终年常绿、树冠连续，群落的郁闭度为 0.5~0.9，平均郁闭度为 0.82，树冠层次结构可分为两个亚层，第一亚层为 12~22 m，第二亚层为 2~12 m。林分平均胸径为 13.6 cm，平均树高为 15.8 m。整个群落具有原生的南亚热带季风常绿阔叶林特色。人工林以杉木 (*Cunninghamia lanceolata*) 为优势种，伴生有黄樟 (*Camphora parthenoxylon*)、华润楠等植物。杉木林群落生长良好，郁闭度达 0.68，解析木分析其年龄为 26 年，林分平均胸径为 13.0 cm，平均树高为 12.1 m。

帽峰山森林公园内共记录重点保护及珍稀濒危野生植物 6 种。其中，国家二级重点保护野生植物有金毛狗（*Cibotium barometz*）、黑桫椤（*Gymnosphaera podophylla*）、苏铁蕨（*Brainea insignis*）和格木（*Erythrophleum fordii*）4 种。

（八）森林公园功能分区

根据分区原则和帽峰山森林公园的功能定位、地形地貌、风景资源特色等因素，帽峰山森林公园功能分区采用 4 级区划系统：森林公园 – 功能区 – 景区 – 景点。依据《国家级森林公园总体规划规范》（LY/T 2005–2012），将森林公园划分为核心景观区、一般游憩区、管理服务区和生态保育区 4 个功能区，如图 1–1 所示。

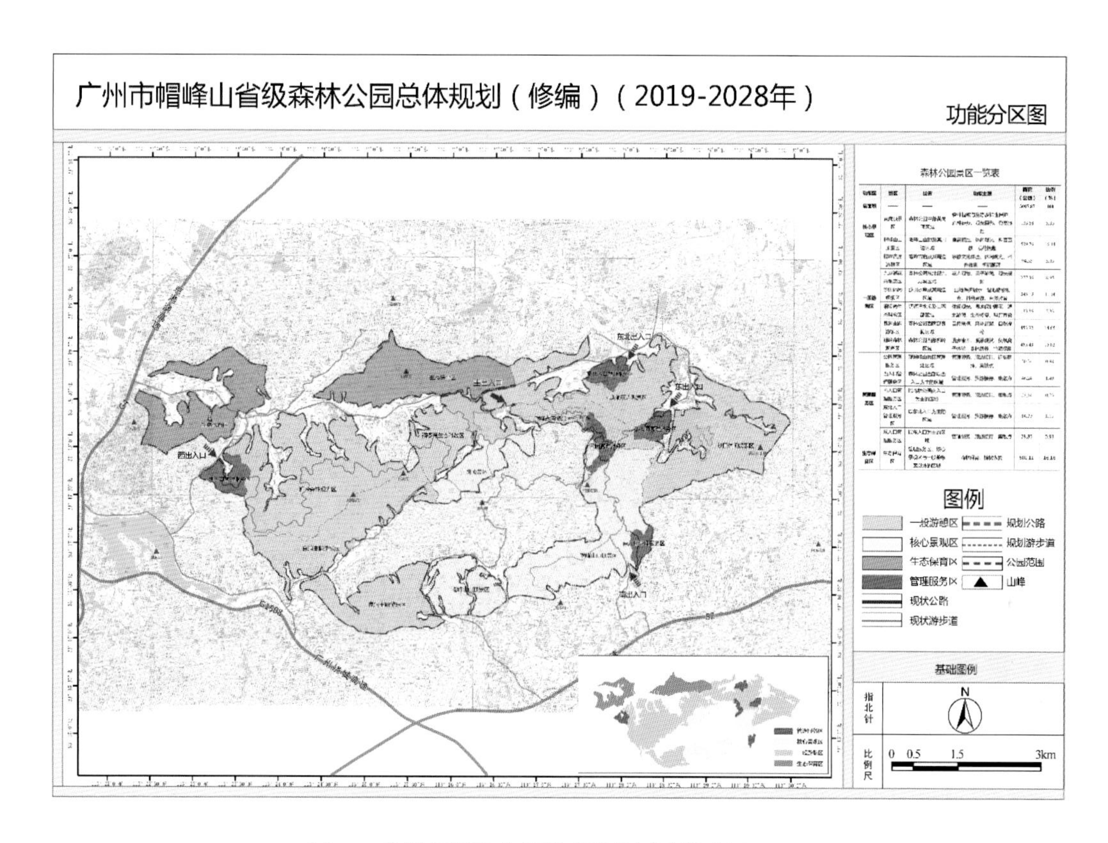

图 1–1 广州市帽峰山省级森林公园功能分区

1. 核心景观区

核心景观区是指拥有特别珍贵的森林风景资源、必须进行严格保护的区域。在核心景观区，除必要的保护、解说、游览、休憩和安全、环卫、景区管护站等设施以外，不得规划建设住宿、餐饮、购物、娱乐等设施。

帽峰山森林公园核心景观区位于公园中部园洞区域、西南部良洞岗区域及东南部帽峰山山顶区域，拥有“茂林竹涛、揽月拥黛、奇岩秀石”等核心风景资源，包括 3 个景区：园洞登山游览区、帽峰山登山游览区及良洞岗登山游览区。核心景观区面积共 464.77 hm^2，占总用地面积的 15.00%。目前，帽峰山登山游览区和园洞登山游览区已开发建设有一定的基础设施和游览服务设施，良洞岗登山游览区暂未开发。核心景观区涉及钟落潭镇和太和镇部分范围。

2. 一般游憩区

一般游憩区是指森林风景资源相对平常，且方便开展旅游活动的区域。一般游憩区内可以规划少量旅游公路、停车场、宣教设施、娱乐设施、景区管护站及小规模的餐饮点、购物亭等功能区。

帽峰山森林公园一般游憩区包括 6 个景区：帽峰古庙游憩区、铜锣湾生态科教区、狮岭森林观光区、良洞野趣游览区、小石船健体康养区、沙田休闲娱乐区。一般游憩区面积共 1898.97 hm^2，占总用地面积的 61.30%。6 个景区中，除帽峰古庙游憩区外，其他景区均未得到有效开发。森林公园管理人员将进一步挖掘各个景区的风景资源潜力，凸显帽峰山森林公园“帽峰古庙、茂林竹涛、揽月拥黛、奇岩秀石、碧水环翠、湖畔花林、秋色露丹、果香农情”等风景资源品牌，打造以“森林徒步康养、自然教育体验、登高揽胜健体、帽峰山水休闲、帽峰文化探访”为特色的旅游产品。一般游憩区涉及钟落潭镇和太和镇部分范围。

3. 管理服务区

管理服务区是指为满足森林公园管理和旅游接待服务需要而划定的区域。管理服务区内应当规划入口管理区、游客中心、停车场和一定数量的住宿、餐饮、购物、娱乐等接待服务设施，以及必要的管理和职工生活用房。

帽峰山森林公园共划定了 9 个管理服务区：公园管理服务区、华坑管理服务区、高屋管理服务区、风流窝管理服务区、大坪管理服务区、沙田管理服务区、白山管理服务区、园洞管理服务区和小石船管理服务区。管理服务区面积共 120.70 hm^2，占总用地面积的 3.90%。

4. 生态保育区

帽峰山森林公园的生态保育区是除管理服务区、核心景观区与一般游憩区以外的区域。在生态保育区内，以生态保护为主，严禁游客自主进入生态保育区内活动，规划设计方案包括一些必要的保护性建设项目以及对区域范围内植被的生态修复项目。

二、广东珠江三角洲森林生态系统国家定位观测研究站简介

（一）生态站基本情况

生态站名称为国家林业和草原局广东珠江三角洲森林生态系统国家定位观测研究站（后简称“珠三角生态站”）。

珠三角生态站位于广东省境内珠江三角洲城市群腹地，以广州市太和镇帽峰山森林公园为主站，地理坐标为北纬 23° 16′、东经 113° 22′；辐射观测区 (北纬 21° 30′ ~23° 30′、东经 112° 00′ ~115° 00′) 分布在佛山市顺德区、肇庆市高要区和中山市。

珠江三角洲拥有代表我国华南、南亚热带季风湿润区的多种森林植被，包括珠江三角洲城市群南亚热带天然次生常绿阔叶林、针阔混交林及人工恢复林植被类型。珠三角生态站的主要监测与研究任务是：针对珠江三角洲城市区域“热岛效应”“雨岛效应”及环境负荷日益严重等问题，系统科学地开展城市森林生态系统抵御灾害、缓解环境负荷、消减生态风险等生态环境效应机制研究。通过多尺度的长期定位监测、系统对比研究，着重研究植被、土壤系统的生物化学机制效应及系统结构层的生态调节、离子吸附、化学降解去除、生态风险防治等机制，阐明森林植被与环境间的互动机制效应、生态系统抵御极端降水和储滤污染危害效应；解析城市森林应对环境影响表征出的尺度环境效应，尤其是固碳，储滤环境中 S、N、Pb、Cd、$PM_{2.5}$ 等污染物的效应机能，土壤吸附 PAHs（多环芳烃）、重金属等的机能，揭示城市水平尺度上环境负荷差异及森林生态系统承载环境负荷效益。

（二）生态站生态系统效应监测情况

（1）森林植被群落定位观测与研究设施：天然次生常绿阔叶林固定样地 6 块、标准样地 6 块，针阔混交林固定样地 8 块、标准样地 3 块，人工恢复林固定样地 5 块、标准样地 5 块，合计 33 块 (固定样地 19 块、标准样地 14 块)；林下植被样方 45 个。天然次生常绿阔叶林和针阔混交林收集凋落物筐各 13 个、人工恢复林收集凋落物筐 10 个，合计 36 个（0.6 m ×0.6 m）；凋落物分解实验田 6 块，每块分解袋 36 袋 (林下面积 2.0 m × 2.0 m)。

（2）森林生态水文观测与研究设施：森林各类型集水区测流堰 3 个（地方资助建设 1 个）、坡面径流场 7 个、穿透水试验场 3 个、树干径流试验场 2 个、渗透实验剖面场 3 个；草地、水泥垫面径流场各 3 个；降雨量观测点 4 个。

（3）森林气象及小气候梯度、环境观测设施：综合观测塔 3 座 (地方项目资助 1 座)、林区常规气象站 2 个（地方资助建设 1 个）、环境气象要素与空气负离子观测站 1 个。

（4）森林土壤观测与研究设施：土壤物理化学定位观测实验场 6 个、土壤温湿度及水分渗透观测场 4 个、土壤重金属原位监测系统 1 套。

（5）野生动物监测：在生态站固定 15 条鸟类监测路线，每条约 5 km，监测频率为主站点帽峰山森林公园逐月监测，其他站点每季度监测。每年 6~10 月进行两栖动物、爬行动物的调查，包括“夜调”；从 2018 年开始在帽峰山森林公园安装 25 台红外相机，对野生动物开展全天候长期监测。

（三）监测研究成果

珠三角生态站针对工业化、城市化迅猛发展的珠江三角洲城市群区域日趋严峻的环境负荷、暴雨灾害等环境问题，系统科学地开展城市森林生态系统调节，抵御暴雨等自然灾害，缓解大气、水体、土壤污染等环境负荷，消减城市化和气候变化的生态风险等生态环境效应机制的研究。在城市森林缓解环境载荷、发挥生态系统服务功能等方面取得重大进展和阶段性研究成果。

珠三角生态站获得梁希林业科学技术奖科技进步奖二等奖 2 项，国家林业和草原局认定成果 3 项，制定林业行业标准和地方标准各 1 项；发表学术论文 110 余篇；为国家林业和草原局的中国森林生态服务功能价值估算提供科学依据，为地方政府提供城市森林生态效益和生态服务功能价值估算报告。珠三角生态站的研究成果对推动城市森林学科发展、国家生态文明和城市群生态建设有重要作用，为满足行业发展、地方需求提供了翔实科学数据和决策依据，取得了良好的生态、经济和社会效益。

三、野生动物资源评价

（一）整体特征

帽峰山森林公园在动物地理区划上属东洋界华南区闽广沿海亚区。2018 年至今，依托国家林业和草原局广东珠江三角洲森林生态系统国家定位观测研究站的逐月样线法和红外相机定位监测法进行调查，记录野生动物达 216 种。在区系上以东洋界为主，有 148 种，占总种数的 68.52%; 古北界有 34 种，占 15.74%; 广布种有 34 种，占 15.74%（其中古北界与东洋界共有种有 3 种，占 1.39%）。

在全部 216 种野生动物中，有国家二级重点保护野生动物 28 种：虎纹蛙（*Hoplobatrachus chinensis*）、乌龟（*Mauremys reevesii*）、眼镜王蛇（*Ophiophagus hannah*）、白鹇（*Lophura nycthemera*）、黑冠鳽（*Gorsachius melanolophus*）、仙八色鸫（*Pitta nympha*）、画眉（*Garrulax canorus*）、斑林狸（*Prionodon pardicolor*）、豹猫（*Priomailurus bengalensis*）等；广东省重点保护陆生野生动物 21 种，包括白鹭（*Egretta garzetta*）、赤麂（*Muntiacus vaginalis*）、棘胸蛙（*Quasipaa spinosa*）、金环蛇（*Bungarus fasiatus*）等。

（二）两栖类

1. 物种组成

在调查周期内共记录到两栖动物 1 目 5 科 16 种，为无尾目下的蟾蜍科（Bufonidae）、蛙科（Ranidae）、叉舌蛙科（Dicroglossidae）、树蛙科（Rhacophoridae）、姬蛙科（Microhylidds）。

2. 区系特征

调查到的两栖动物全部为东洋界物种，包括黑眶蟾蜍（*Duttaphrynus melanostictus*）、长肢林蛙（*Rana longicrus*）、黑斑侧褶蛙（*Pelophylax nigromaculatus*）、沼水蛙（*Hylarana guentheri*）、粤琴蛙（*Nidirana guangdongensis*）、大绿臭蛙（*Odorrana graminea*）、泽陆蛙（*Fejervarya multistriata*）、虎纹蛙（*Hoplobatrachus chinensis*）、棘胸蛙（*Quasipaa spinosa*）、福建大头蛙（*Limnonectes fujianensis*）、斑腿泛树蛙（*Polypedates megacephalus*）、粗皮姬蛙（*Microhyla butleri*）、饰纹姬蛙（*Microhyla fissipes*）、花姬蛙（*Microhyla pulchra*）、花狭口蛙（*Kaloula pulchra*）、花细狭口蛙（*Kalophrynus interlineatus*）等。

3. 保护物种

在帽峰山森林公园记录到的 16 种两栖动物中，有国家二级重点保护野生动物 1 种，即虎纹蛙；被 IUCN 列入易危 (VU) 等级的有 2 种，即长肢林蛙、棘胸蛙；被列入广东省重点保护陆生野生动物的有 2 种，分别是沼水蛙和棘胸蛙。

（三）爬行类

1. 物种组成

通过野外调查，共记录到爬行动物 2 目 15 科 41 种。

2. 区系特征

在帽峰山森林公园记录到的 41 种爬行动物中，古北界与东洋界共有种有 3 种，即中华鳖（*Pelodiscus sinensis*）、乌龟（*Mauremys reevesii*）和黑眉锦蛇（*Elaphe taeniura*）；东洋界物种有 1 种，即墨氏水蛇（*Hypsiscopus murphyi*）；东洋界广布种有 7 种，即紫沙蛇（*Psammodynastes pulverulentus*）、眼镜王蛇（*Ophiophagus hannah*）、乌华游蛇（*Trimerodytes percarinata*）等；东洋界华南区物种有 11 种，即原尾蜥虎（*Hemidactylus bowringii*）、白唇竹叶青蛇（*Trimeresurus albolabris*）、金环蛇（*Bungarus fasciatus*）等；东洋界华中区与华南区共有种有 19 种，即中国壁虎（*Gekko chinensis*）、中国光蜥（*Ateuchosaurus chinensis*）和环纹华游蛇（*Trimerodytes aequifasciata*）等。

3. 保护物种

在帽峰山森林公园记录到的 41 种爬行动物中，有国家二级重点保护野生动物 5 种，分别是乌龟、中华花龟（*Mauremys sinensis*）、蟒蛇（*Python bivittatus*）、眼镜王蛇、三索锦蛇（*Coelognathus radiatus*）；广东省重点保护陆生野生动物 1 种，即金环蛇；被列入 CITES 附录Ⅱ的物种有 5 种，即中华花龟、蟒蛇、眼镜王蛇、舟山眼镜蛇（*Naja atra*）、滑鼠蛇（*Ptyas mucosus*）；被 IUCN 列入易危 (VU) 等级的有 4 种，即中华鳖、蟒蛇、眼镜王蛇、舟山眼镜蛇；被 IUCN 列入近危 (NT) 等级的有 1 种，即灰鼠蛇（*Ptyas korros*）；被 IUCN 列入濒危 (EN) 等级的有 2 种，分别是乌龟、中华花龟。

（四）哺乳类

1. 物种组成

基于红外相机设备开展野外调查共记录到哺乳动物 10 种，分属 8 科。哺乳动物中以食肉目居多，包括豹猫（*Prionailurus bengalensis*）、斑林狸（*Prionodon pardicolor*）、果子狸（*Paguma larvata*）、鼬獾（*Melogale moschata*）和黄腹鼬（*Mustela kathiah*）。大中型哺乳动物中，只监测到野猪（*Sus scrofa*）、赤麂（*Muntiacus vaginalis*）。

2. 区系特征

在帽峰山森林公园记录到的 10 种哺乳动物中，有东洋界物种 9 种，广布种 1 种。帽峰山森林公园的哺乳动物区系体现出东洋界占主导的特点。

3. 保护动物

在帽峰山森林公园记录到的 10 种哺乳动物中，有国家二级重点保护野生动物 2 种，即豹猫和斑林狸；广东省重点保护陆生野生动物 1 种，即赤麂；被列入 CITES 附录 I 的物种有 1 种，即斑林狸；被列入 CITES 附录 II 的物种有 1 种，即豹猫；被 IUCN 列入无危 (LC) 等级的有 10 种，分别是赤腹松鼠（*Callosciurus erythraeus*）、倭花鼠（*Tamiops maritimus*）、银星竹鼠（*Rhizomys pruinosus*）、野猪、赤麂、豹猫、斑林狸、果子狸、鼬獾、黄腹鼬。

（五）鸟类

1. 物种组成

野外调查共记录到鸟类 149 种占全省已记录鸟类种类 (553 种) 的 26.94%，其中，样线上调查到鸟类 127 种，隶属于 16 目 45 科。雀形目种类最多，有 95 种，占所调查鸟类总数的 63.76%; 鹈形目有 10 种，占 6.71%; 其他鸟类 14 目 44 种，占总数的 29.53%。

2. 区系特征

在区系组成上，东洋界鸟类最多，有 85 种，占总种数的 57.05%; 其次是古北界，有 34 种，占 22.82%; 广布种最少，有 30 种，占总种数的 20.13%。

3. 保护物种

在帽峰山森林公园记录到的 149 种鸟类中，有国家二级重点保护野生动物 20 种，分别是白鹇、鸿雁（*Anser cygnoides*）、仙八色鸫、红隼（*Falco tinnunculus*）、红嘴相思鸟 (*Leiothrix lutea*)、燕隼（*Falco subbuteo*）等；广东省重点保护陆生野生动物 16 种，分别是棕腹鹰鹃（*Hierococcyx nisicolor*）、黑水鸡（*Gallinula chloropus*）、绿鹭（*Butorides striata*）、斑鱼狗（*Ceryle rudis*）、红嘴相思鸟、八哥（*Acridotheres cristatellus*）等；被列入 CITES 附录 II 的有 8 种，分别是领鸺鹠（*Glaucidium brodiei*）、斑头鸺鹠（*Glaucidium cuculoides*）、领角鸮（*Otus lettia*）、红隼、燕隼、仙八色鸫、画眉、红嘴相思鸟等；被 IUCN 列入易危 (VU) 等级的有 2 种，分别是鸿雁、仙八色鸫；被 IUCN 列入近危 (NT) 等级的有 5 种，分别是凤头蜂鹰（*Pernis ptilorhynchus*）、蛇雕（*Spilornis cheela*）、凤头鹰（*Accipiter trivirgatus*）、画眉、白眉鹀（*Emberiza tristrami*）；被 IUCN 列入无危 (LC) 等级的有 142 种，分别是环颈雉（*Phasianus colchicus*）、白鹇、灰胸竹鸡（*Bambusicola thoracicus*）、中华鹧鸪（*Francolinus pintadeanus*）、绿头鸭（*Anas platyrhynchos*）、小䴙䴘（*Tachybaptus ruficollis*）、山斑鸠（*Streptopelia orientalis*）、珠颈斑鸠（*Spilopelia chinensis*）、绿翅金鸠（*Chalcophaps indica*）、白腰雨燕（*Apus pacificus*）、小白腰雨燕（*Apus nipalensis*）、褐翅鸦鹃（*Centropus sinensis*）、小鸦鹃（*Centropus bengalensis*）、红翅凤头鹃（*Clamator coromandus*）、噪鹃（*Eudynamys scolopaceus*）等。

4. 鸟类群落分析

居留型方面，留鸟最多，为 95 种（63.76%）；候鸟中冬候鸟占比较大，有 31 种（20.8%），夏候鸟 14 种（9.4%）；旅鸟占比最小，为 9 种（6.04%）。

生态类型方面，以林鸟为主，有 132 种（鸣禽 95 种、攀禽 20 种、猛禽 10 种、陆禽 7 种），占比 88.59%；水鸟 17 种（涉禽 14 种、游禽 3 种），占比 11.41%。

食性方面，食虫鸟类最多，为 67 种（44.97%），杂食性鸟类次之，有 46 种（30.87%），其余食性鸟类为 36 种，占比 24.16%。6 条样线的鸟类食性均以食虫鸟类最为丰富（67 种），杂食性鸟类次之（46 种）。6 条样线均以杂食性鸟类个体数量最多。

鸟类物种数和个体数均在春季最多，夏季最少；鸟类 Shannon-Wiener 多样性指数和 Margalef 丰富度指数均在春季最高，夏季最低；Pielou 均匀度指数、Simpson 优势度指数四季均相近。随着繁殖期的到来，鸟类多样性在春季达到最高峰；而在其他季节，鸟类多样性在候鸟的迁徙和留鸟的活动等因素影响下处于相对稳定的动态变化。

第二章　各　论

鸟纲（AVES）

鸟纲是脊椎动物亚门下的一纲。体均被羽，恒温，卵生，胚胎外有羊膜。前肢成翅，有时退化，多飞翔生活。心脏有两心房和两心室。骨多空隙，内充气体。呼吸器官除肺外，还有辅助呼吸的气囊。

主要特征：

（1）全身披覆羽毛，前肢变为翼，能在空中飞翔，能借主动迁徙适应多变的环境条件。

（2）具有高度发达的神经系统和感官，能更好地协调体内外环境的统一。

（3）高而恒定的体温（37.0~44.6 ℃），可减少对环境的依赖性。

（4）具有较为完善的繁殖方式和行为（营巢、孵卵、育雏），能保证后代有较高的成活率。

环颈雉 *Phasianus colchicus*（鸡形目 GALLIFORMES 雉科 Phasianidae）

俗名：雉鸡、野鸡、山鸡

形态特征：雄鸟体羽鲜艳华丽，颏、喉黑色，具蓝绿色金属光泽，头顶蓝褐色，有显眼的耳羽簇，眼先和眼周裸出皮肤呈绯红色，颈暗绿色，有白色的颈环；背和肩栗红色，有黑色点斑，尾长，为红褐色且具横斑。雌鸟形小、色暗淡，周身密布浅褐色斑纹。雄鸟虹膜橙色，雌鸟虹膜褐色，嘴角质绿色，脚灰色。

习性：常成群活动。善于藏匿，善行走而不能久飞。在灌丛或草丛中的地面凹陷处营巢。繁殖期 3~7 月。

食性：杂食性，主要以植物、昆虫和其他小型无脊椎动物为食。

分布：国外见于欧洲东南部、中亚、西亚地区，美国、蒙古国、朝鲜、俄罗斯、越南、缅甸等国也有分布；中国见于各省。

生境：栖息于低山丘陵、农田、地边、沼泽草地、林缘灌丛、公路两边的灌丛与草地中。常分布在海拔 1200 m 以下的地区，有时亦见于海拔 2000~3000 m 的地区。

保护级别：“三有[1]”野生动物。

居留类型：留鸟。

鉴赏要点：雉鸡历来被视为“吉祥鸟”，在中国明清瓷器（如筒瓶、棒槌瓶、花觚及将军罐等）的外部，常用雉鸡和牡丹入画，寓意“吉祥和富贵”。因雄鸟羽色鲜艳华丽，有较宽的白色环颈，故名环颈雉。

1.“三有”保护动物是指中国国家保护的有重要生态、科学、社会价值的陆生野生动物。

白鹇 *Lophura nycthemera*（鸡形目 GALLIFORMES 雉科 Phasianidae）

俗名：银鸡、银雉、越鸟

形态特征：雄鸟上体和两翅白色，密布黑纹，羽冠和下体都呈蓝黑色，从后颈或上背起密布近似“V”形的黑纹，尾长，中央尾羽近纯白色，外侧尾羽具黑色波纹，眼裸出部分赤红色，脚红色，鲜艳显眼。雌鸟全身呈橄榄褐色，羽冠褐色近黑色，脸裸出部分小，赤红色。雄鸟虹膜橙色，雌鸟虹膜褐色，嘴角质绿色。

习性：常成对或成小群活动。营巢于林下灌丛间地面凹处或草丛中。繁殖期 4~5 月。

食性：杂食性，主要以昆虫，植物的茎、叶、果实和种子，以及根和苔藓等为食。

分布：国外见于印度、尼泊尔等；中国见于华南、华中、西南地区。

生境：主要栖息于海拔 2000 m 以下的亚热带常绿阔叶林中，亦出现于针阔叶混交林、竹林、马尾松林中。

保护级别：中国《国家重点保护野生动物名录》二级。

居留类型：留鸟。

鉴赏要点：白鹇是广东省省鸟。清代五品文官官服上的图像就是白鹇；白鹇是哈尼族的吉祥物之一；白鹇在中国文化中自古被视为名贵的观赏鸟。

灰胸竹鸡 *Bambusicola thoracicus*（鸡形目 GALLIFORMES 雉科 Phasianidae）
俗名：华南竹鹧鸪、山菌子、中华竹鸡

形态特征： 喙黑色或近褐色，额与眉纹为蓝灰色，头顶与后颈呈嫩橄榄褐色，并有较小的白斑，脸、喉及上胸棕色。上背橄榄褐色，具栗色斑，胸侧及两胁有月牙形的大块黑褐色斑，上体黄橄榄褐色，胸部灰蓝色，下体前部栗棕色，跗跖和趾黄褐色，眼淡褐色，嘴褐色。

习性： 夜行性。常成群活动，以家庭群栖居。飞行笨拙径直。在茂密的灌丛、草丛、竹林中的地面营巢。繁殖期 3~5 月。

食性： 杂食性，主要以植物的芽、果实和种子为食，也吃昆虫和其他无脊椎动物。

分布： 中国特有种，常见于长江以南各省份。

生境： 主要栖息于山区、平原、灌丛、竹林以及草丛中。

保护级别： “三有”野生动物。

居留类型： 留鸟。

鉴赏要点： 如在野外听到“地主婆，地主婆”这样的叫声，基本就是由灰胸竹鸡雄鸟发出的，因此，它们也有“地主婆”这一俗名。

中华鹧鸪 *Francolinus pintadeanus*（鸡形目 GALLIFORMES 雉科 Phasianidae）

俗名：中国鹧鸪、越雉、怀南

形态特征：雄鸟枕、上背、下体及两翼有醒目的白点，背和尾具白色横斑。头黑色带栗色眉纹，一宽阔的白色条带由眼下至耳羽，颏及喉白色。雌鸟似雄鸟，但下体皮黄色带黑斑，上体多棕褐色。虹膜红褐色，嘴黑色，嘴基黄色，脚黄色。

习性：单独或成对活动。警惕性极高，受惊后飞往高处。飞行速度很快，常作直线飞行。繁殖期 3~6 月。

食性：杂食性，主要以蚱蜢、蝗虫、蟋蟀、蚂蚁等昆虫为食，也吃各种草本植物、木本植物的嫩芽、叶、浆果和种子。

分布：国外见于柬埔寨、印度、老挝、缅甸、泰国、越南；中国见于长江以南地区。

生境：生活在干燥的低山间山谷内、丘陵的岩坡和砂坡上，多栖息于灌丛、草地、荒山、农田附近的小块丛林和竹林中。

保护级别：“三有”野生动物。

居留类型：留鸟。

鉴赏要点：中华鹧鸪因叫声凄切婉转，在民间被视为离愁别绪的化身，被称为“行者的离殇”；古人常借它抒发逐客流人之情。

鸿雁 *Anser cygnoides*（雁形目 ANSERIFORMES 鸭科 Anatidae）

俗名：原鹅、大雁、洪雁

形态特征：体大而颈长。雌雄相似，雄鸟上嘴基部有一疣状突，雌鸟体形略小，两翅较短，嘴基疣状突不明显。黑且长的嘴与前额呈一直线，一道狭窄白线环绕嘴基。上体灰褐色但羽缘皮黄色。前颈白色，头顶及颈背红褐色，前颈与后颈有一道明显界线。腿粉红色，臀部近白色，飞羽黑色。

习性：常成群活动。善游泳。飞行力强，但飞行时显得笨重。繁殖期 4~6 月。

食性：杂食性，主要以各种草本植物的叶、芽、种子等为食，也吃少量甲壳类动物和软体动物。

分布：常见于东亚、中亚地区。夏季在中国东北地区、蒙古国、西伯利亚繁殖，冬季在中国中部和东南沿海地区的湖泊越冬。

生境：主要栖息于开阔平原和草地上的湖泊、水塘、河流、沼泽及附近地区。

保护级别：中国《国家重点保护野生动物名录》二级。

居留类型：冬候鸟。

鉴赏要点：古人常以鸿雁代书信，有“雁帛”“雁书”“雁足”等词语。在中国古代诗词中，鸿雁具有丰富的象征意义，如表达思乡怀亲之情和怀念故国之意。唐代新科进士有在大雁塔内题名之举，后世则以“雁塔题名”为科考高中的吉语。

绿头鸭 *Anas platyrhynchos*（雁形目 ANSERIFORMES 鸭科 Anatidae）

俗名：大头绿（雄）、蒲鸭（雌）、大红腿鸭

形态特征：雄鸟头及颈深绿色带光泽，白色颈环使头与栗色胸隔开，翼镜蓝绿色，尾上、下覆羽黑色，嘴黄绿色，脚橙红色；雌鸟褐色斑驳，嘴橙黄色，贯眼纹黑褐色，通体褐色，有暗褐色斑纹。虹膜褐色，脚橘黄色。

习性：常成群活动。飞翔能力强。善游泳，在水中觅食。喜干净。繁殖期 4~6 月。

食性：杂食性，常以植物的种子、茎、叶，藻类，谷物，以及小鱼小虾、甲壳类动物、昆虫等为食。

分布：世界各地均有分布。

生境：主要栖息于水生植物丰富的湖泊、河流、池塘、沼泽等水域中。

保护级别：“三有”野生动物。

居留类型：冬候鸟。

鉴赏要点：绿头鸭是家鸭祖先，被称为“会变色的鸭头”，事实上，只有雄性的绿头鸭才有绿色的头，且在不同的光线下会呈现出不同的颜色，譬如暗紫色。华丽的绿头是雄性绿头鸭在繁殖期吸引雌性绿头鸭的有效手段；雄性绿头鸭在繁殖后期会脱去鲜艳的繁殖羽，称为“蚀羽”。

小䴙䴘 *Tachybaptus ruficollis*（䴙䴘目 PODICIPEDIFORMES 䴙䴘科 Podicipedidae）

俗名：水葫芦、油葫芦、油鸭

形态特征：繁殖期脸颊、喉部和前颈栗色，头顶及后颈深灰色，背部褐色，胸腹部灰色。非繁殖期后颈及背部棕褐色，脸颊、喉部、前颈及胸腹部米黄色。嘴尖如凿，趾有宽阔的蹼，趾尖浅色。虹膜黄色或褐色，嘴黑色，脚蓝灰色。

习性：日行性。常单独或成分散小群活动。性怯懦、活动隐蔽。善游泳、潜水。很少飞行，受惊时，会急扇翅膀，贴近水面短距离飞行。营巢于沼泽、池塘、湖泊中的丛生芦苇、灯心草、香蒲丛中等。繁殖期 5~7 月。

食性：主要以小鱼、虾、昆虫等为食，偶尔也会捕捉水中的小型节肢动物。

分布：国外见于非洲、欧洲、印度、日本、菲律宾、印度尼西亚、新几内亚等；中国见于各省。

生境：栖息于湖泊、池塘、河流等地。

保护级别：“三有”野生动物。

居留类型：留鸟。

鉴赏要点：因体形短圆，在水上浮沉宛如葫芦，又名“水葫芦”。

山斑鸠 *Streptopelia orientalis*（鸽形目 COLUMBIFORMES 鸠鸽科 Columbidae）

俗名：山鸠、金背鸠、金背斑鸠

形态特征：额、头顶前部蓝灰色，颈基两侧各有一块羽缘为蓝灰色的黑羽，形成显著黑灰色颈斑。上背褐色，下背和腰蓝灰色，具蓝灰色羽端，胸沾灰色，腹淡灰色，下体多偏粉色，尾羽近黑色，尾梢浅灰色。虹膜金黄色，嘴蓝灰色，脚粉红色。

习性：常成对或成小群活动。取食于地面。飞翔时鼓翼快速，叫声为反复而低沉的“咕咕咕”声。繁殖期 4~7 月。

食性：主要吃植物的果实、种子、嫩叶、幼芽等，也吃昆虫。

分布：国外见于西伯利亚中部和中亚地区；中国广泛分布。

生境：栖息于低山丘陵、平原，山地阔叶林、混交林、次生林中，果园、农田耕地以及宅旁竹林和树上。

保护级别：“三有”野生动物。

居留类型：留鸟。

珠颈斑鸠 *Spilopelia chinensis*（鸽形目 (COLUMBIFORMES 鸠鸽科 Columbidae)

俗名：鸪雕、鸪鸟、花斑鸠

形态特征：头灰色，上体褐色，下体粉红色，后颈有宽阔的黑色，其上满布白色细小斑点形成的领斑，在淡粉红色的颈部极为醒目。虹膜橘黄色，嘴黑色，脚粉红色。

习性：常成对或成小群活动。多在地上觅食，受惊后立刻飞到附近树上。飞行快速，两翅扇动较快但不能持久。繁殖期 3~7 月。

食性：主要以植物的种子为食，有时也吃昆虫。

分布：国外见于孟加拉国、柬埔寨等；中国见于中部和南部地区。

生境：栖息于有稀疏树木生长的平原、草地、低山丘陵和农田地带，常出现于村庄附近的杂木林、竹林及地边树上。

保护级别：“三有”野生动物。

居留类型：留鸟。

鉴赏要点：其颈部两侧为黑色，密布白色点斑，像许许多多的珍珠散落在颈部，因而得名珠颈斑鸠。

绿翅金鸠 *Chalcophaps indica*（鸽形目 COLUMBIFORMES 鸠鸽科 Columbidae）

俗名：绿背金鸠

形态特征：雄鸟下体粉红色，头顶灰色，额白色，腰灰色，两翼具亮绿色。雌鸟头顶无灰色。飞行时背部两道黑色和白色的横纹清晰可见。虹膜褐色，嘴红色，嘴尖橘黄色，脚红色。

习性：常单独或成对活动于森林下层植被浓密处。喜欢在山间小路和沟边地上奔跑、觅食，饮水于溪流及池塘。善极快速地低飞。繁殖期 3~5 月。

食性：主要以植物果实和种子为食，也吃白蚁和其他昆虫。

分布：国外见于印度、斯里兰卡、孟加拉国、缅甸、泰国、菲律宾、澳大利亚等；中国见于华南、西南地区。

生境：主要栖息于海拔 2000 m 以下的山地森林中，尤其喜欢阔叶林，也出现于次生林、灌木林和竹林中。

保护级别：“三有”野生动物。

居留类型：留鸟。

白腰雨燕 *Apus pacificus*（雨燕目 APODIFORMES 雨燕科 Apodidae）
俗名：白尾根麻燕、大白腰野燕

形态特征：通体黑褐色，颏偏白色，嘴黑色，虹膜棕褐色，头顶、背及双翼黑褐色并具浅色羽缘，双翼狭长，腰白色。胸、腹及尾下覆羽黑褐色，羽端白色，呈细横纹状。尾黑色，长且呈深叉状。脚短，偏紫色。

习性：喜成群活动。阴天多低空飞翔，天气晴朗时常在高空飞翔，或在森林上空成圈飞行。飞行速度甚快，在飞行中捕食。繁殖期 5~7 月。

食性：以各种昆虫为食。

分布：国外见于日本、印度、澳大利亚等；中国各省份均有分布。

生境：主要栖息于陡峻的山坡、悬岩上，尤其喜欢靠近河流、水库等水源附近的悬岩峭壁。

保护级别：“三有”野生动物。

居留类型：留鸟。

鉴赏要点：在希腊语中，Apus 的意思就是“没有脚的鸟”，但白腰雨燕并非真的没有脚，只是它们一生中几乎很少落地，不是在巢里就是在飞行。

小白腰雨燕 *Apus nipalensis*（雨燕目 APODIFORMES 雨燕科 Apodidae）

俗名：小雨燕、台燕、家雨燕

形态特征：背和尾黑褐色，微带蓝绿色光泽。尾为平尾，中间微凹。腰具白色，尾上覆羽暗褐色，具铜色光泽。翼稍较宽阔，呈烟灰褐色。嘴黑色，脚和趾黑褐色。

习性：成群栖息和活动，有时亦与家燕混群飞翔于空中。飞翔快速，常在快速振翅飞行一阵之后又伴随一阵滑翔，二者常交替进行。繁殖期 3~5 月。

食性：主要以膜翅目昆虫为食。

分布：国外见于孟加拉国、柬埔寨、印度、日本、韩国、马来西亚、缅甸、菲律宾、泰国、越南等；中国见于西南地区和东南沿海地区。

生境：主要栖息于开阔的林区、城镇、悬岩、岩石海岛等各类生境中。栖息海拔达 2100 m。

保护级别：“三有”野生动物。

居留类型：留鸟。

褐翅鸦鹃 *Centropus sinensis*（鹃形目 CUCULIFORMES 杜鹃科 Cuculidae)

俗名：大毛鸡、红鹁、红毛鸡

形态特征： 褐翅鸦鹃雌雄同色，身体为黑色，头颈和胸呈蓝紫色金属光泽并具黑亮的羽干纹，下胸至腹部泛金属绿光泽，两翼和肩部为棕栗色，外侧飞羽具暗色羽端，尾羽闪铜绿色光泽，虹膜赤红色（成鸟）或灰蓝色至暗褐色（幼鸟），喙和脚黑色。

习性： 单独或成对活动，很少成群。飞行能力较弱，平时多在地面活动。善于隐蔽。善于在地面行走，跳跃取食，行动十分迅速。常把尾、翅展成扇形，上下急扭。繁殖期 4~9 月。

食性： 杂食性，主要以昆虫幼虫为食，也吃无脊椎动物和脊椎动物，有时还吃杂草种子和果实。

分布： 国外见于孟加拉国、柬埔寨、印度、印度尼西亚、马来西亚、缅甸、尼泊尔、泰国、越南等；中国主要见于长江以南地区。

生境： 主要栖息于海拔 1000 m 以下的低山丘陵中，平原地区的林缘灌丛、稀树草坡、河谷灌丛、草丛、芦苇丛中，也出现于靠近水源的村边灌丛和竹丛等地方，很少出现在开阔地带。

保护级别： 中国《国家重点保护野生动物名录》二级。

居留类型： 留鸟。

鉴赏要点： 褐翅鸦鹃有“骨伤神医”的称号，传说有人将折了脚的褐翅鸦鹃雏鸟放回鸟窝，褐翅鸦鹃成鸟寻来一种神奇的药草给雏鸟敷上，受伤雏鸟第二天竟奇迹般恢复了。

小鸦鹃 *Centropus bengalensis*（鹃形目 CUCULIFORMES 杜鹃科 Cuculidae）

俗名：小毛鸡、小黄蜂、小乌鸦雉

形态特征：中型鸟类，外形似褐翅鸦鹃，通体黑色，肩和翅栗色，但体形较褐翅鸦鹃小，且翼下覆羽为红褐色或栗色。尾长，上背及两翼的栗色较浅且现黑色，中间色型的体羽常见，虹膜红褐色，嘴黑色，脚黑色。最显著的特征是头部有白色丝状羽。

习性：常单独或成对活动。性机智，善隐蔽，稍有惊动，立即奔入稠茂的灌木丛或草丛中。繁殖期 3~8 月。

食性：主要以昆虫和其他小型动物为食，也吃少量植物果实与种子。

分布：国外见于孟加拉国、不丹、文莱、柬埔寨、印度、印度尼西亚、老挝、马来西亚、缅甸、尼泊尔等；中国见于云南、贵州、广西、广东、海南、安徽、河南、福建、台湾等地。

生境：栖息于低山丘陵和开阔山脚平原地带的灌丛、草丛、果园和次生林中。喜山边灌木丛、沼泽地带及开阔的草地，包括高草。

保护级别：中国《国家重点保护野生动物名录》二级。

居留类型：留鸟。

红翅凤头鹃 *Clamator coromandus*（鹃形目 CUCULIFORMES 杜鹃科 Cuculidae）
俗名：冠郭公、红翅凤头郭公

形态特征：顶冠及凤头黑色，具显眼的直立凤头，背及尾黑色而带蓝色光泽，翅栗红色，喉及胸橙褐色，颈圈白色，腹部近白。虹膜淡红褐色，嘴黑色，下嘴基部近淡土黄色，嘴角肉红色，脚铅褐色。

习性：多单独或成对活动。常活跃于高而暴露的树枝间。飞行快速，但不持久。繁殖期5~7月。

食性：主要以白蚁、毛虫、甲虫等昆虫为食，偶尔也吃植物果实。

分布：国外见于孟加拉国、不丹、柬埔寨、印度、印度尼西亚、马来西亚、缅甸、尼泊尔、菲律宾、新加坡等；中国见于东南沿海和长江流域地区。

生境：主要栖息于低山丘陵和山麓平原等开阔地带的疏林和灌木林中，也活动于园林和宅旁树上。

保护级别：“三有”野生动物。

居留类型：夏候鸟。

鉴赏要点：红翅凤头鹃有着长长的冠羽和栗红色的两翼，如同头戴凤冠。它们会将自己的卵产在画眉等小鸟的巢中，以“巢寄生”这种独特的方式繁殖后代。

噪鹃 *Eudynamys scolopaceus*（鹃形目 CUCULIFORMES 杜鹃科 Cuculidae）

俗名：嫂鸟、鬼郭公、哥好雀

形态特征：雄鸟全身纯黑色，但幼鸟具有斑点。雌鸟全身灰褐色具杂白色斑点，尾羽具有规则、显著的白色横纹。虹膜暗红色，鸟喙黄绿色或浅绿色，基部较灰暗，雄鸟脚蓝灰色，雌鸟淡绿色。

习性：多单独活动，是一种专性巢寄生鸟类，自己不营巢，通常把卵产于黑领椋鸟、喜鹊、红嘴蓝鹊等鸟类的巢中。繁殖期 3~8 月。

食性：主要以榕树、芭蕉、无花果等植物的果实、种子为食，也吃小型昆虫及其幼虫。

分布：国外见于印度、缅甸、印度尼西亚、澳大利亚等；中国见于四川、安徽、湖北、陕西、香港、台湾、海南等地。

生境：栖息于海拔 1000 m 以下的山地、丘陵、山脚平原地带，常见于稠密的红树林、次生林、森林、园林及人工林中，也常出现在村寨和耕地附近的高大树上。

保护级别：“三有”野生动物。

居留类型：留鸟。

鉴赏要点：雄噪鹃常发出嘹亮而又凄厉的叫声，十分恐怖，民间称之为“喊魂鸟”。实际上这种叫声是为了吸引雌噪鹃，只有找到配偶后，雄噪鹃才会安静下来。

八声杜鹃 *Cacomantis merulinus*（鹃形目 CUCULIFORMES 杜鹃科 Cuculidae）
俗名：八声喀咕、哀鹃、八声悲鹃

形态特征：雄鸟头、颈和上胸均为灰色，背至尾上覆羽暗灰褐色。肩和两翅表面褐色且具青铜色反光。翼缘白色。外侧翼上覆羽杂以白色横斑。下胸及翼下覆羽淡棕栗色。尾下覆羽黑色，密被窄的白色横斑。雌鸟上体为褐栗色，颏、喉和胸淡栗色，被以褐色狭形横斑，其余下体近白色，具极细的暗灰色横斑。虹膜红褐色，上嘴黑色，下嘴黄色，脚黄色。

习性：单独或成对活动。性活跃，繁殖期间喜欢鸣叫，在阴雨天鸣叫更频繁。八声杜鹃不营巢和孵卵，通常将卵产于其他鸟的巢中。繁殖期较长。

食性：主要以昆虫为食。

分布：国外见于孟加拉国、柬埔寨、印度、印度尼西亚、老挝、马来西亚、缅甸、菲律宾等；中国主要见于西藏、四川、云南、广西、广东、福建、海南等地。

生境：栖息于低山丘陵、草坡、山麓平原、耕地和村庄附近的树林与灌丛中，有时也出现于果园、公园、庭园和路旁树上。

保护级别：“三有”野生动物。

居留类型：夏候鸟。

鉴赏要点：其叫声为八声一度，每次叫声都是八声，声音特点是哀婉的哨音“tay~ta~tee、tay~ta~tee”，速度、音高均升。另一种叫声为两三个哨音减弱为一连串下降的“pwee、pwee、pwee、pee~pee~pee~pee”声。

乌鹃 *Surniculus lugubris*（鹃形目 CUCULIFORMES 杜鹃科 Cuculidae）

俗名：卷尾鹃、乌喀咕

形态特征： 通体黑色，尾呈浅叉状，外侧一对尾羽及尾下覆羽具白色横斑。初级飞羽第一枚的内侧有一块白斑，第三枚以内有一斜向的白色横斑横跨于内侧基部，翼缘也缀有白色。比较老的鸟枕部常有白色斑点。下体黑色，虹膜褐色或绯红色，嘴黑色，脚灰蓝色。

习性： 多单独或成对活动，主要在树上栖息和活动。性羞怯。飞行时无声无息，呈起伏波浪式飞行。自己不营巢和孵卵，通常将卵产于卷尾、燕尾等鸟类的巢中，由别的鸟替它孵卵和育雏。繁殖期 3~5 月。

食性： 主要以昆虫为食，偶尔吃植物果实和种子。

分布： 国外见于亚洲南部和东南部地区；中国见于西南和南部地区。

生境： 栖息于山地、平原茂密的森林中，也出现于林缘次生林、灌木林和耕地及村屯附近的稀树荒坡地带。

保护级别： “三有”野生动物。

居留类型： 夏候鸟。

鹰鹃 *Hierococcyx sparverioides*（鹃形目 CUCULIFORMES 杜鹃科 Cuculidae）

俗名：子规、鹰头杜鹃、贵贵阳

形态特征：体形较大，外形似鸽，但稍细长，嘴尖端无利钩，脚细弱而无锐爪，头灰色，背褐色，喉、上胸具栗色和暗灰色纵纹，下胸和腹具暗褐色横斑。尾长阔，呈凸尾状，具横斑。雌雄外形大体相似，幼鸟羽色与成鸟不同。

习性：多单独活动。喜隐蔽于枝叶间鸣叫，繁殖期间常彻夜狂叫不休。不自营巢和孵卵，常产卵于喜鹊、钩嘴鹛等鸟类的巢中，让别的鸟类代孵和育雏。繁殖期 4~7 月。

食性：主要以昆虫为食，亦吃果类。

分布：国外见于亚洲东南部地区；中国见于大部分地区，在云南、海南等地为留鸟，在其余地区多为夏候鸟。

生境：栖息于山地森林中，喜开阔林地，海拔高至 1600 m。

保护级别：“三有”野生动物。

居留类型：夏候鸟。

鉴赏要点：体形与羽色酷似苍鹰，故有“鹰鹃”之称。

棕腹鹰鹃 *Hierococcyx nisicolor*（鹃形目 CUCULIFORMES 杜鹃科 Cuculidae）

俗名：马来棕腹鹰鹃、小鹰鹃

形态特征：成鸟羽色和外观与鹰鹃相似，但体形要小很多。头和颈侧灰色，眼先近白色。上体和两翅表面淡灰褐色，尾上覆羽较暗，具宽阔的次端斑和窄的近灰白色或棕白色端斑。颏暗灰色至近黑色，有一灰白色髭纹。其余下体白色。喉、胸具栗色和暗灰色纵纹，下胸及腹具较宽的暗褐色横斑。虹膜橙红色，嘴深灰色，脚亮黄色。

习性：多单独活动。性机警而胆怯，常躲在乔木枝叶间鸣叫，不易被发现。不自营巢，常产卵于鸫和鹟等雀形目鸟类的巢中。繁殖期 5~6 月。

食性：主要以昆虫为食，也吃少量野果。

分布：国外见于文莱、印度尼西亚、马来西亚、缅甸、新加坡、泰国等；中国常见于东部和南部地区。

生境：栖息于山地常绿阔叶林、针叶林或林缘灌木林中，海拔 500~1200 m。

保护级别：“三有”野生动物、广东省重点保护陆生野生动物。

居留类型：夏候鸟。

四声杜鹃 *Cuculus micropterus*（鹃形目 CUCULIFORMES 杜鹃科 Cuculidae）

俗名：快快割麦、光棍好过、豌豆八哥

形态特征：身体偏灰色，额暗灰沾棕色，上嘴黑色，下嘴偏绿色，眼圈黄色，眼先淡灰色，头顶至枕暗灰色，头侧灰色略带褐色，下腹至尾下覆羽污白色，羽干两侧具黑褐色斑块。脚黄色。雌鸟较雄鸟多褐色。

习性：性机警隐蔽，受惊后迅速起飞。飞行速度较快，飞行距离也较远。不自营巢，将卵产于大苇莺、灰喜鹊、黑卷尾等鸟类的巢中。繁殖期 5~7 月。

食性：主要以昆虫为食，有时也吃植物种子等。

分布：国外广泛见于亚洲东南部地区；中国见于除西藏、新疆、青海以外的省区，游动性较大，无固定的居留地。

生境：栖息于山地森林和山麓平原地带的森林中，尤以混交林、阔叶林和林缘疏林地带活动较多。有时也出现于农田地边树上。

保护级别：“三有”野生动物。

居留类型：夏候鸟。

鉴赏要点：鸟鸣声似“光棍好过”“快快割谷”或“割麦割谷”的发音；其鸣声响亮，四声一度。在一些古诗词之中描写的“杜鹃啼血”“子规啼”，很可能就是四声杜鹃的叫声。

白胸苦恶鸟 *Amaurornis phoenicurus*（鹤形目 GRUIFORMES 秧鸡科 Rallidae）

俗名：白腹秧鸡、白胸秧鸡、白面鸡

形态特征：中型涉禽。头顶及上体深青灰色，虹膜红色，嘴偏绿色，嘴基红色，两颊、喉以至胸、腹均为白色。下腹和尾下覆羽棕色。两翅和尾羽橄榄褐色。脚黄色。两性相似，雌鸟稍小。

习性：多在清晨、黄昏和夜间活动。常单独或成对活动。性机警，善隐蔽。飞翔力差，善行走，有时也在水中游泳。在湿润的灌丛中、湖边、滩涂、水稻田上走动觅食。繁殖期 4~7 月。

食性：杂食性，主要以软体动物、昆虫、蜘蛛及小型鱼类等为食，也吃植物的花、嫩芽、种子和农作物。

分布：国外见于印度、菲律宾、印度尼西亚、马来群岛等。中国见于华北地区、西南和华南地区等地。

生境：栖息于长有芦苇或杂草的沼泽地和有灌木的高草丛、竹丛、水稻田、甘蔗田中，以及河流、湖泊、灌渠和池塘边，也见于人类住地附近（如林边、池塘或公园）。

保护级别：“三有”野生动物。

居留类型：留鸟。

鉴赏要点：白胸苦恶鸟代表爱情，有学者认为，《诗经》中的“雎鸠”指的就是白胸苦恶鸟，“关关雎鸠，在河之洲”，“关关”的鸣声和在水边活动，都比较符合白胸苦恶鸟的特征。其名字的由来可追溯至宋朝，著名诗人苏轼曾在《五禽言》中写道：“姑恶，姑恶。姑不恶，妾命薄。”该诗描绘的是一苦媳妇被姑（古为婆婆称呼）虐死的故事，因白胸苦恶鸟叫声如“姑恶”，后世相传该鸟即为被折磨而死的苦媳妇的化身，故称“苦恶鸟”。

黑水鸡 *Gallinula chloropus*（鹤形目 GRUIFORMES 秧鸡科 Rallidae)

俗名：红冠水鸡、红骨顶、红鸟

形态特征：成鸟两性相似，雌鸟稍小。额甲鲜红色，端部圆形。头、颈及上背灰黑色，下背、腰至尾上覆羽和两翅覆羽暗橄榄褐色。飞羽和尾羽黑褐色。下体灰黑色，向后逐渐变浅，羽端微缀白色，下腹羽端白色较大，形成黑白相杂的块斑，两胁具宽的白色条纹。虹膜红色，嘴红色，嘴端黄色，脚黄绿色。

习性：常成对或成小群活动。飞行速度缓慢，也飞得不高，常常紧贴水面飞行。善游泳和潜水，常边游泳或涉水边取食。繁殖期 4~7 月。

食性：杂食性，主要吃水生植物嫩叶、幼芽、根茎以及水生昆虫等，以动物性食物为主。

分布：广泛见于除大洋洲和南极洲以外的世界各大洲；中国多省均有分布。

生境：栖息于富有芦苇和水生挺水植物的淡水湿地、沼泽、湖泊、水库、苇塘、水渠和水稻田中，也出现于林缘、路边水渠与疏林中的湖泊沼泽地带。

保护级别：“三有”野生动物，广东省重点保护陆生野生动物。

居留类型：留鸟。

鉴赏要点：黑水鸡能飞、跑、游、潜、上树，样样精通，号称鸟界的“全能运动员”。

白骨顶 *Fulica atra*（鹤形目 GRUIFORMES 秧鸡科 Rallidae)

俗名：白冠鸡、骨顶鸡、凫翁

形态特征：成鸟体羽灰黑色，头颈部尤深，内侧飞羽具白色羽缘，形成白色翼斑，飞行时可见。翼外缘和胸腹部略沾白色，虹膜红褐色，喙和额部的甲板纯白色，胫裸露部分和跗跖灰黄绿色，趾和瓣蹼灰白色。雌雄无明显差异。

习性：常成群活动。多贴着水面或苇丛低空飞行，飞行距离不远。善游泳和潜水。营巢于有开阔水面的水边芦苇丛、草丛中。繁殖期 5~7 月。

食性：杂食性，主要吃小鱼、虾、水生昆虫，水生植物的嫩叶、幼芽、果实，以及灌木的果食与种子，也吃各种藻类。

分布：主要见于欧亚大陆、非洲和大洋洲；中国广泛分布于各地。

生境：栖息于低山、丘陵和平原草地上，甚至荒漠与半荒漠地带的各类水域中，尤以富有芦苇、三棱草等水边挺水植物的湖泊、水库、水塘、苇塘、水渠、河湾和深水沼泽地带最为常见。

保护级别：“三有”野生动物。

居留类型：冬候鸟。

黄苇鳽 *Ixobrychus sinensis*（鹈形目 PELECANIFORMES 鹭科 Ardeidae）

俗名：黄斑苇鳽、水骆驼、小老等

形态特征：成鸟顶冠黑色，上体淡黄褐色，下体黄色，下颈基部和上胸具黑褐色块斑，黑色飞羽与黄白色覆羽呈强烈对比。虹膜金黄色，眼先裸露呈黄绿色，喙峰黑褐色，两侧和下喙黄褐色，跗蹠和趾黄绿色，爪甲褐色。

习性：多在清晨和傍晚活动，常单独或成对活动。性甚机警。常沿沼泽地芦苇塘飞翔或在浅水处慢步涉水觅食。营巢于浅水处的芦苇丛和蒲草丛中。繁殖期 5~7 月。

食性：主要以小鱼、虾、蛙、水生昆虫等为食。

分布：常见于东亚及南亚地区；中国见于中部、东部地区。

生境：栖息于平原、低山丘陵地带富有水边植物的开阔水域中，有时也栖息、活动在灌木丛或小树丛边的水田中。

保护级别：“三有”野生动物、广东省重点保护陆生野生动物。

居留类型：留鸟。

栗苇鳽 *Ixobrychus cinnamomeus*（鹈形目 PELECANIFORMES 鹭科 Ardeidae）

俗名：栗小鹭、独春鸟、葭鳽

形态特征：雄鸟上体从头顶至尾（包括两翅飞羽和覆羽）全为栗红色，下体淡红褐色，喉至胸有一褐色纵线，胸侧缀有黑白两色斑点，野外特征极为明显，容易辨认。雌鸟头顶暗栗红色，背面暗红褐色，杂有白色斑点，腹面土黄色，从颈至胸有数条黑褐色纵纹。虹膜黄色，嘴黄褐色，脚黄绿色。

习性：夜行性，在黄昏或晚间活动。性胆小而机警。通常很少飞行。营巢于沼泽、湖边、水塘、稻田边的芦苇丛、灌丛和草丛中。繁殖期 5~7 月。

食性：主要以小鱼、蛙、泥鳅和水生昆虫等为食，有时也吃少量植物。

分布：常见于亚洲南部、东南部和东部地区；中国常见于辽东半岛、河北、河南、陕西、四川、云南等地。

生境：主要栖息于低海拔的芦苇丛、沼泽草地、滩涂、水塘、溪流和水稻田中，也栖息于田边和水塘附近的小灌木上。

保护级别："三有"野生动物、广东省重点保护陆生野生动物。

居留类型：留鸟。

黑冠鳽 *Gorsachius melanolophus*（鹈形目 PELECANIFORMES 鹭科 Ardeidae）

俗名：黑冠麻鹭、黑冠虎斑鳽、暗光鸟

形态特征：前额、头顶、枕以及长的冠羽为黑色。头的两侧、后颈、颈侧、背、肩和翅覆羽栗红色。颏和喉白色沾黄色，前颈和胸赤褐色，喉部有一条黑色中央线一直到上胸，其余下体棕黄白色而杂有黑色斑点。下背、腰和尾上覆羽灰色，缀有褐色或棕褐色，翅覆羽和内侧飞羽具细的、不甚明显的黑色虫囊状斑。尾黑褐色，腋羽和翼下覆羽具黑白相间横斑。

习性：夜行性，常在清晨、黄昏和晚上活动。通常单独活动。性羞怯而胆小，行动极为谨慎。繁殖期 5~6 月。

食性：主要以鱼、虾及蛙类为食。

分布：常见于亚洲南部和东南部的热带和亚热带地区；中国主要见于广东、海南、台湾、云南、广西等地。

生境：多活动于山区林间的河川、溪涧水库边及竹林等处。

保护级别：中国《国家重点保护野生动物名录》二级。

居留类型：留鸟。

鉴赏要点：遇到人或受威胁时，会张开翅膀，大声鸣叫，并将头上冠羽竖起。

夜鹭 *Nycticorax nycticorax*（鹈形目 PELECANIFORMES 鹭科 Ardeidae）

俗名：水洼子、灰洼子、星鸦

形态特征： 体型较粗胖，颈较短，嘴尖细，微向下曲，黑色。胫裸出部分较少，脚和趾黄色。头顶至背黑绿色而具金属光泽，上体余部灰色，下体白色，枕部披有 2~3 枚长带状白色饰羽，下垂至背上，极为醒目。雌鸟体形较雄鸟小。繁殖期腿及眼先呈红色。亚成鸟虹膜黄色，成鸟虹膜鲜红色，嘴黑色。

习性： 夜出性，白天常隐蔽在沼泽、灌丛中或林间，晨昏和夜间活动。喜结群。在树林或沼泽处聚集筑巢。繁殖期 4~7 月。

食性： 主要以鱼、蛙、虾、水生昆虫等为食。

分布： 全球广泛分布；中国见于西南地区和东南沿海地区。

生境： 栖息于平原和低山丘陵地区的溪流、水塘、江河、沼泽和水田地上。

保护级别： “三有”野生动物、广东省重点保护陆生野生动物。

居留类型： 留鸟。

绿鹭 *Butorides striata*（鹈形目 PELECANIFORMES 鹭科 Ardeidae）

俗名：绿蓑鹭、鹭鸶、绿背鹭

形态特征：体形小，头顶黑色，枕冠亦黑色，上体蝉灰绿色，下体两侧银灰色。前额至后枕及冠羽墨绿色，眼后有一白斑，颊纹黑色。颚纹白色，后颈、颈侧和体侧烟灰色。背部披灰绿色矛状长羽，羽干纹灰白色。腰至尾上覆羽暗灰色，尾黑色具青铜绿色光泽，尾下羽灰白色。虹膜金黄色，嘴缘褐色，脚和趾黄绿色。

习性：常单独活动。飞行速度甚快，但飞行高度较低。通常静立于水中，伏击猎物。在沼泽的树丛中营巢。繁殖期 5~8 月。

食性：以小鱼、青蛙、虾、蟹、水生昆虫和软体动物为食。

分布：全球广泛分布，亚种很多；中国见于东北、华南、西南、长江中下游地区。

生境：栖息于山区沟谷、河流、湖泊、水库林缘、灌木草丛、滩涂及红树林中。

保护级别：“三有”野生动物、广东省重点保护陆生野生动物。

居留类型：留鸟。

池鹭 *Ardeola bacchus*（鹈形目 PELECANIFORMES 鹭科 Ardeidae）

俗名：红毛鹭、中国池鹭、红头鹭鸶

形态特征：雌雄鸟同色，雌鸟体形略小。繁殖期头及颈深栗色，胸酱紫色。非繁殖期背部褐色，头、颈、上胸部具褐色纵纹，下腹部及翼为白色，嘴基黄色而尖端黑色，跗趾黄色，腿及脚绿灰色。非繁殖期飞行时因白色的腹部和飞羽，易与白鹭混淆，背部的深色阴影是其分辨特征 。

习性：常单独或成小群活动。性不甚畏人，通常无声。于浅水、沼泽或稻田中边走边觅食。筑巢于水域附近高大树木的树梢或竹林中。繁殖期 4~8 月。

食性：以鱼类、蛙、水生昆虫、蝗虫等动物性食物为主，兼食少量植物性食物。

分布：国外主要见于孟加拉国至东南亚地区；中国见于黑龙江、吉林、辽宁、内蒙古、河北、北京、天津、陕西、甘肃、宁夏等地。

生境：通常栖息于稻田、池塘、湖泊、水库、沼泽湿地等水域环境中，有时也见于水域附近的竹林和树上，分布海拔 280~1300 m。

保护级别：“三有”野生动物、广东省重点保护陆生野生动物。

居留类型：留鸟。

鉴赏要点：池鹭有“变装达人”的美称，拥有冬夏“两套衣服”。夏天成鸟头颈栗色，颏、喉白色，胸黑紫色，背黑色，翅、尾白色；冬季成鸟头顶白色，颈部淡皮黄色，头部和颈部都有密集的褐色条纹，且羽毛比夏季更短。

牛背鹭 *Bubulcus ibis*（鹈形目 PELECANIFORMES 鹭科 Ardeidae)

俗名：黄头鹭、畜鹭、放牛郎

形态特征：雌雄同色。体型细瘦，头、颈、背等变浅黄色，嘴及脚沾红色。雄性成鸟繁殖期头、颈、上胸及背部中央的蓑羽呈淡黄至橙黄色，身体余部纯白色；非繁殖期几乎全白色，仅部分鸟额部沾橙黄色。眼先裸部分黄色，虹膜黄色，嘴黄色，脚暗黄色至近黑色。

习性：常成对或结成 3~5 只的小群活动。性活跃而温驯，不甚怕人，活动时寂静无声。常成群营巢于近水的大树、竹林或杉林中。繁殖期 4~7 月。

食性：主要以蝗虫、蚂蚱、蜚蠊、蟋蟀、蝼蛄、牛蝇、金龟子、地老虎等昆虫为食，也食蜘蛛、黄鳝、蚂蟥和蛙等小型动物。

分布: 世界各地均有分布; 中国见于长江以南地区，帽峰山森林公园内偶见于农田及水塘边。

生境：栖息于平原草地、牧场、湖泊、水库、山脚平原、低山水田、池塘、旱田和沼泽地上。

保护级别：“三有”野生动物、广东省重点保护陆生野生物种。

居留类型：留鸟。

鉴赏要点：唯一不食鱼而以昆虫为主食的鹭类，喜在牛周边活动，捕食被水牛从水草中惊飞的昆虫，也常在牛背上歇息，故名牛背鹭。

苍鹭 *Ardea cinerea*（鹈形目 PELECANIFORMES 鹭科 Ardeidae）
俗名：长脖老等、灰鹳

形态特征：大型水鸟，头、颈、脚和嘴均甚长，因而身体显得细瘦。成鸟过眼纹及冠羽黑色，4 根细长的羽冠分为两条位于头顶和枕部两侧，状若辫子。黑色飞羽、翼角及两道胸斑黑色，头、颈、胸及背白色，颈具黑色纵纹，余部灰色。幼鸟头及颈灰色较重，但无黑色。虹膜黄色，嘴黄绿色，脚偏黑色。

习性：成对和成小群活动，迁徙期间和冬季集成大群，有时亦与白鹭混群。性情孤僻而有耐力，在浅水中捕食。

食性：主要以小型鱼类、虾、蜥蜴、蛙、昆虫等为食。

分布：国外见于欧洲、东南亚地区、非洲等；中国几乎遍及各地。

生境：栖息于江河、溪流、湖泊、水塘、海岸等水域岸边及浅水处，也见于沼泽、稻田、山地、森林和平原荒漠中的水边、浅水处和沼泽地上。

保护级别：“三有”野生动物、广东省重点保护陆生野生动物。

居留类型：冬候鸟。

鉴赏要点：苍鹭是一种非常有耐心的动物，能为等待鱼虾长达数个小时不动，故有“长脖老等”之称。其名还有一传说，南极仙翁的二公子约会玉皇大帝的九女儿莲花公主被玉皇大帝发现，二公子被太上老君变成苍鹭，惩罚两人不能再相见；因思念莲花公主，苍鹭见到莲花就出神呆立，一等就是上千年。

草鹭 *Ardea purpurea*（鹈形目 PELECANIFORMES 鹭科 Ardeidae）

俗名：花窖马、柴鹭、紫鹭

形态特征： 体型呈纺锤形。额和头顶蓝黑色，枕部有两枚黑色辫状羽。颊部具一黑色条纹，颈侧也具有一清晰的黑色纵纹延伸而下，前颈也可见断续而零散的黑色短纵纹。上体灰色，两翼飞羽灰黑色，翅角及翼前缘棕栗色。颏、喉白色，前颈基部有长的银灰色或白色矛状饰羽。胸和上腹中央基部棕栗色，先端蓝黑色，下腹蓝黑色，胁灰色。虹膜黄色，嘴暗黄色，嘴峰角褐色，眼先裸露部黄绿色。

习性： 早晨和黄昏觅食活动最为频繁。单独或成对活动和觅食，休息时则多聚集在一起。很少鸣叫，行动迟缓，飞行慢而从容。

食性： 主要以小鱼、蛙、甲壳类动物、蜥蜴、蝗虫等为食。

分布： 国外见于印度、伊朗、欧洲南部、非洲等；中国见于除新疆、西藏、青海外的各省区。

生境： 主要栖息于开阔平原和低山丘陵地带的湖泊、河流、沼泽、水库、水塘岸边及其浅水处。常见于稠密的芦苇沼泽地上或水域附近灌丛中。

保护级别： “三有”野生动物。

居留类型： 留鸟。

白鹭 *Egretta garzetta*（鹈形目 PELECANIFORMES 鹭科 Ardeidae）

形态特征：体形较大，体态纤瘦，乳白色，脸的裸露部分黄绿色，虹膜黄色，嘴黑色，胫与脚部黑色，趾黄绿色。繁殖羽纯白色，颈背具细长饰羽，背及胸具蓑状羽。雌雄无明显差异。

习性：喜集群，常成 3~5 只的小群活动于浅水处。白天觅食，常漫步在河边、盐田或水田地中边走边啄食。通常结群营巢。繁殖期 3~7 月。

食性：主要以各种小型鱼类为食，也吃虾、蟹、蛙类、软体动物、蝌蚪和水生昆虫等。

分布：国外见于非洲、欧洲中南部、澳大利亚等；中国见于长江以南各省区。

生境：栖息于沿海低海拔地区的湖泊、水塘、岛屿、海岸、海湾、河口以及沿海附近的江河、溪流、水稻田和沼泽地带。

保护级别：“三有”野生动物、广东省重点保护陆生野生动物。

居留类型：留鸟。

鉴赏要点：在古代，白鹭象征着自由、高贵和纯洁。白鹭常出现在各种文学作品中，如唐代诗人杜甫的佳句“两个黄鹂鸣翠柳，一行白鹭上青天”和王维的“漠漠水田飞白鹭，阴阴夏木啭黄鹂”。

金眶鸻 *Charadrius dubius*（鸻形目 CHARADRIIFORMES 鸻科 Charadriidae）
俗名：黑领鸻

形态特征：体色为黑、灰及白三色，小型涉禽。嘴短，嘴黑色，下嘴基部黄色，黄色眼圈明显。眼后白斑向上延伸到头顶，左右两侧相连，具黑色或褐色的全胸带，脚橙黄色（在繁殖期为淡粉红色），飞行时翼上无白色横纹。

习性：常单独或成对活动，迁徙季节和冬季也集成小群，常活动在水边沙滩或沙石地上，边走边觅食。巢多筑于水边沙地或沙石地上。繁殖期 5~7 月。

食性：主要吃鳞翅目、鞘翅目及其他昆虫、蜘蛛、甲壳类动物和小型水生无脊椎动物等。

分布：在欧亚大陆和非洲低地广泛分布；中国见于华北、华中地区，以及云南、四川等地。

生境：栖息于开阔平原和低山丘陵地带的湖泊、河流岸边以及附近的沼泽、草地和农田地带，也栖息于沿海海滨、河口沙洲及附近盐田和沼泽地带。

保护级别：“三有”野生动物。

居留类型：冬候鸟。

鉴赏要点：金眶鸻长有一张“熊猫脸”，其名因金黄色的眼眶而来。金眶鸻个头虽小，却是鸟中“战术家”，极善伪装。

丘鹬 *Scolopax rusticola*（鸻形目 CHARADRIIFORMES 鹬科 Scolopacidae）

俗名：大水行、山沙锥、山鹬

形态特征： 头顶和枕绒黑色，前额灰褐色并缀有棕红色；后颈多呈灰褐色，上体锈红色；尾羽黑褐色，颏、喉白色，其余下体灰白色，略沾棕色。虹膜褐色，嘴基部偏粉色，嘴端黑色，脚粉红色。

习性： 多在夜间活动，白天隐伏不出。常单独生活，不喜集群。擅长伪装。繁殖期 5~7 月。

食性： 主要以鞘翅目、双翅目、鳞翅目昆虫等小型无脊椎动物为食，有时也食植物的根、果实和种子。

分布： 广泛分布于北美洲、欧洲和亚洲大部地区；中国见于新疆、黑龙江、吉林、河北、甘肃、广东等地。

生境： 栖息于阴暗潮湿、林下植物发达、落叶层较厚的阔叶林和混交林中，有时也见于林间沼泽、湿草地和林缘灌丛地带。

保护级别： “三有”野生动物。

居留类型： 冬候鸟。

鉴赏要点： “鹬蚌相争，渔翁得利”是大家耳熟能详的故事，其中的“鹬”就是指丘鹬。当雌性丘鹬在巢中受到打扰时，会拖着一只翅膀在巢附近来回跑动，假装受伤以迷惑天敌。

领鸺鹠 *Glaucidium brodiei*（鸮形目 STRIGIFORMES 鸱鸮科 Strigidae）

俗名：小鸺鹠

形态特征：面盘不显著，没有耳羽簇，上体灰褐色，下体白色，喉部有一个栗色的斑，两胁还有宽阔的棕褐色纵纹和横斑。虹膜黄色，嘴黄绿色，脚灰色。

习性：主要在白天活动。除繁殖期外都是单独活动。飞行时常急剧地拍打翅膀作鼓翼飞翔，然后再作一段滑翔，交替进行。营巢于树洞和天然洞穴中。繁殖期 3~7 月。

食性：主要以昆虫和鼠类为食，也吃小鸟和其他小型动物。

分布：国外见于亚洲东南部和南部地区；中国主要见于南方地区。

生境：栖息于山地森林和林缘灌丛地带。

保护级别：中国《国家重点保护野生动物名录》二级。

居留类型：留鸟。

鉴赏要点：领鸺鹠是一种小型猫头鹰，有“假面猎手”的称谓。其头部背面有两个明显的黑斑，与周围黄色的领斑组成了黑斑为“眼”、黄纹为“面”的神奇假脸，起到迷惑作用，可防止天敌从身后袭击，又让猎物以为假脸即正脸，诱骗其躲避到自己的正面，从而易于捕捉。

斑头鸺鹠 *Glaucidium cuculoides*（鸮形目 STRIGIFORMES 鸱鸮科 Strigidae）
俗名：小猫头鹰、横纹鸺鹠、猫王鸟

形态特征：体形小而遍具棕褐色横斑。无耳羽簇，上体棕栗色而具赭石色横斑，沿肩部有一道白色线条将上体断开；下体几乎全褐色，具赭色横斑，臀片白色，两胁栗色；白色的颏纹明显，下线为褐色和皮黄色。尾羽上有 6 道鲜明的白色横纹，端部具白缘。虹膜黄褐色，嘴偏绿色而端黄色，脚绿黄色。

习性：主要夜行，有时也在白天活动和觅食。单独或成对活动。营巢于树洞和天然洞穴中。繁殖期 3~5 月。

食性：主要以各种昆虫为食，也吃鼠类、小鸟、蚯蚓、蛙和蜥蜴等动物。

分布：国外见于亚洲南部和东南部地区；中国见于甘肃、陕西、河南、安徽、四川、贵州、云南、西藏、广西、广东、香港、海南等地。

生境：栖息于从平原、低山丘陵到海拔 2000 m 左右的中山地带的阔叶林、混交林、次生林和林缘灌丛中，也常见于村寨和农田附近的疏林中和树上。

保护级别：中国《国家重点保护野生动物名录》二级。

居留类型：留鸟。

鉴赏要点：《诗经》有云：“鸱鸮鸱鸮，既取我子，无毁我室。”斑头鸺鹠因常在深夜发出凄厉的叫声，被古人视为“不祥之鸟”。

领角鸮 *Otus lettia*（鸮形目 STRIGIFORMES 鸱鸮科 Strigidae)
俗名：猫头鹰

形态特征：体形略大，偏灰色或偏褐色。面部圆盘呈暗黄色，带有一些暗淡的同心圆斑。具明显耳羽簇及特征性的浅沙色颈圈。上体偏灰色或沙褐色，并多具黑色及皮黄色的杂纹或斑块，肩胛处有淡黄色的羽毛，在翅膀上形成一条模糊的条纹。下体呈浅棕色，带有小箭头状轴状条纹。虹膜深褐色，嘴黄色，脚灰色。

习性：夜行动物，白天栖息在茂密的枝条上，伫立栖息。繁殖期 3~6 月。

食性：主要以昆虫为食，也吃蜥蜴、鼠类和小型鸟类。

分布：广泛见于亚洲东部、南部和东南部地区；中国见于东北、华北、西南、华中、华南地区。

生境：栖息于从平原至海拔约 2400 m 的山地阔叶林和混交林、灌木丛、次生森林以及开阔的乡村和城镇周围的树林和竹林中。

保护级别：中国《国家重点保护野生动物名录》二级。

居留类型：留鸟。

鉴赏要点：领角鸮就是民间常说的猫头鹰，它的铜铃般的大眼在黑夜里能精准定位，且具有敏锐的听觉，灵活的脖颈可扭转 270°，具有“神出鬼没”的静音巡航本领。它们进食后还有一个习性，会将无法消化的食物残渣吐出来，这些残渣被称为食丸或食茧。

凤头蜂鹰 *Pernis ptilorhynchus*（鹰形目 ACCIPITRIFORMES 鹰科 Accipitridae）
俗名：东方蜂鹰、八角鹰、雕头鹰

形态特征： 头顶暗褐色至黑褐色，头侧具有短而硬的鳞片状羽毛，头的后枕部通常具有短的黑色羽冠。眼先羽片短小而致密，飞羽和尾羽黑褐色。虹膜为金黄色或橙红色，喙为黑色，脚和趾为黄色，爪黑色。上体由白色至赤褐色再至深褐色，下体满布点斑及横纹，尾具不规则横纹。

习性： 常单独活动，冬季也偶尔集成小群。飞行灵敏、具特色，多为鼓翅飞翔。在飞行中捕食。有偷袭蜜蜂及黄蜂巢的习性，故名蜂鹰。一般在高大的乔木上筑巢。繁殖期 4~6 月。

食性： 主要以黄蜂、胡蜂、蜜蜂等蜂类为食，也吃其他昆虫，偶尔也吃小型的蛇、蜥蜴、蛙、鼠、鸟等。

分布： 广泛见于亚洲东部至南部；中国见于东北地区、广东等地。

生境： 栖息于不同海拔的阔叶林、针叶林、混交林中，尤以疏林和林缘地带较为常见，有时也在林外村庄、农田和果园等处活动。

保护级别： 中国《国家重点保护野生动物名录》二级。

居留类型： 候鸟。

鉴赏要点： 凤头蜂鹰能将令人生畏的马蜂窝撕碎。其浓密的羽毛提供了一层外部保护，能阻止马蜂的毒针刺入皮肤，它的虹膜具有一定的抗毒能力，可以减轻毒素对其的影响。

蛇雕 *Spilornis cheela*（鹰形目 ACCIPITRIFORMES 鹰科 Accipitridae）

俗名：大冠鹫、蛇鹰

形态特征：前额白色，头顶黑色，上体暗褐色，下体土黄色，腹部有黑白两色虫眼斑，尾黑色，中间有一条宽的淡褐色带斑，虹膜黄色，喙灰绿色，跗蹠及趾黄色，爪黑色。

习性：单独或成对活动。气候不佳时甚少活动，常于枯木上或密林中群居。营巢于森林中高树顶端的树杈上。繁殖期 4~6 月。

食性：主要以蛇类为食，也吃蜥蜴、蛙、鼠、鸟和甲壳动物。

分布：国外见于印度、斯里兰卡、缅甸、马来西亚等；中国主要见于南部地区。

生境：栖息和活动于山地森林及其林缘开阔地带。

保护级别：中国《国家重点保护野生动物名录》二级。

居留类型：留鸟。

鉴赏要点：蛇雕是一种形象十分威武的珍贵猛禽，喜食蛇类。在中美洲、南美洲和新西兰等地的文化中，蛇雕搏斗的形象象征着善、恶两种力量的较量。

凤头鹰 *Accipiter trivirgatus*（鹰形目 ACCIPITRIFORMES 鹰科 Accipitridae）

俗名：凤头苍鹰、粉鸟鹰、凤头雀鹰

形态特征: 前额、头顶、后枕及羽冠黑灰色；头和颈侧颜色较淡，具黑色羽干纹。上体暗褐色，尾覆羽尖端白色；尾淡褐色，具白色端斑和一道隐蔽而不甚显著的横带和4道显露的暗褐色横带；飞羽亦具暗褐色横带。颏、喉和胸白色，颏和喉具一黑褐色中央纵纹；胸具宽的棕褐色纵纹，尾下覆羽白色。虹膜褐色至绿黄色，嘴角褐色或铅色，脚和趾淡黄色，爪角黑色。雌鸟显著大于雄鸟。

习性： 多单独活动。性情机警，善于藏匿，常躲藏在树叶丛中，有时也栖息于空旷处孤立的树枝上。营巢于针叶林或阔叶林中高大的树上，多在河岸或水塘旁边活动。繁殖期4~7月。

食性： 主要以蛙、蜥蜴、鼠、昆虫等为食，也吃鸟类和其他小型哺乳动物。

分布： 国外见于印度次大陆、东南亚地区；中国主要见于四川、云南、贵州、广东、广西、海南、台湾等地。

生境： 通常栖息在海拔2000 m以下的山地森林和山脚林缘地带，也出现在竹林和小面积丛林地带，偶尔到山脚平原和村庄附近活动。

保护级别： 中国《国家重点保护野生动物名录》二级。

居留类型： 留鸟。

黑鸢 *Milvus migrans*（鹰形目 ACCIPITRIFORMES 鹰科 Accipitridae）
俗名：老鹰、鸢

形态特征：中等体形。虹膜棕色，嘴灰色，脚黄色。上体暗褐色，下体棕褐色，均具黑褐色羽干纹，尾较长，呈叉状，具宽度相等的黑色和褐色相间排列的横斑。飞翔时翼下左右各有一块大白斑。雌鸟体形显著大于雄鸟。浅叉型尾为其识别特征，飞行时尾张开可成平尾。

习性：白天活动，常单独在高空飞翔。性机警。飞行快而有力，通常呈圈状盘旋翱翔，边飞边鸣。视力很敏锐。繁殖期 4~7 月。

食性：主要以小鸟、鼠、鱼、昆虫和小型爬行动物等为食，偶尔也吃家禽和腐尸。

分布：常见于欧亚大陆、非洲、澳大利亚；广泛分布于中国。

生境：栖息于开阔平原、草地、荒原、低山丘陵地带，也常在城郊、村屯、田野、港湾、湖泊上空活动。

保护级别：中国《国家重点保护野生动物名录》二级。

居留类型：留鸟。

鉴赏要点：黑鸢就是人们所说的老鹰。迁徙季节会结成上百只的大群，组成壮观的“鹰河”“鹰柱”。

普通鵟 *Buteo japonicus*（鹰形目 ACCIPITRIFORMES 鹰科 Accipitridae）
俗名：土豹子、鸡母鹞、东亚鵟

形态特征：全身黑褐色，上体多为暗褐色，下体多为暗褐色或淡褐色，尾淡灰褐色，具多道暗色横斑。飞翔时两翼宽阔，翼下白色，尾散开呈扇形。虹膜黄色至褐色，嘴灰色，嘴端黑色，脚黄色。

习性：多单独活动，有时亦见 2~4 只在天空盘旋。性机警，视觉敏锐。常营巢于林缘或森林中高大的树上。繁殖期 5~7 月。

食性：主要以森林鼠类为食，也吃蛙、蛇、野兔、小鸟和大型昆虫等。

分布：广泛见于欧亚大陆、非洲、北美洲等；中国各地均有分布。

生境：繁殖期间主要栖息于山地森林和林缘地带，从海拔 400 m 的山脚阔叶林到海拔 2000 m 左右的混交林和针叶林地带均有分布，秋冬季节多出现在低山丘陵和山脚平原地带。

保护级别：中国《国家重点保护野生动物名录》二级。

居留类型：冬候鸟。

鉴赏要点：飞行时宽阔的两翅伸展，并稍向上抬起，呈浅“V”形，短而圆的尾呈扇形展开，姿态极为优美。

戴胜 *Upupa epops*（犀鸟目 BUCEROTIFORMES 戴胜科 Upupidae）
俗名：胡哱哱、花蒲扇、山和尚

形态特征：中等体形，色彩鲜明。雌雄外形相似，具长而尖的耸立型粉棕色丝状冠羽。冠羽顶端有黑斑，冠羽平时褶叠倒伏不显，直竖时像一把打开的折扇，随同鸣叫时起时伏。头、上背、肩及下体粉棕色，两翼及尾具黑白相间的条纹。嘴长且下弯。虹膜褐色，嘴黑色，脚黑色。

习性：单独或成对活动。多在林缘草地上或耕地中觅食，常把长长的嘴插入土中取食。受惊、鸣叫或觅食时，冠羽耸起。营巢于天然树洞或啄木鸟的弃洞中。繁殖期 4~6 月。

食性：以昆虫为主要食物，也吃蠕虫等其他小型无脊椎动物。

分布：常见于欧、亚、非三大洲；中国见于新疆、西藏、广东、台湾、海南等地。

生境：戴胜能适应多种生境，栖息于山地、平原、耕地、森林、林缘、路边、河谷、农田、草地、村屯、果园等开阔地方，尤其以林缘耕地较为常见。

保护级别：“三有”野生动物。

居留类型：留鸟。

鉴赏要点：戴胜是以色列国鸟。戴胜因其独特的外形、机警的禀性、忠贞不渝的习性，成为传说中的象征物之一。在中国，戴胜象征着祥和、美满、快乐，常出现在古代诗词歌赋中。如贾岛在《题戴胜》中写道：“星点花冠道士衣，紫阳宫女化身飞。能传上界春消息，若到蓬山莫放归。”

普通翠鸟 *Alcedo atthis*（佛法僧目 CORACIIFORMES 翠鸟科 Alcedinidae）

俗名：翠鸟、鱼狗、打鱼郎

形态特征：雄鸟前额、头顶、枕和后颈黑绿色，尾短小，表面暗蓝绿色，下面黑褐色，肩蓝绿色，翅上覆羽暗蓝色，并具翠蓝色斑纹，颏、喉白色，胸灰棕色，腹至尾下覆羽红棕色或棕栗色；雌鸟上体羽色较雄鸟稍淡，多蓝色，少绿色，头顶灰蓝色。胸、腹棕红色，但较雄鸟淡，且胸无灰色。

习性：常单独活动，多停息在河边树桩、岩石上或河边小树的低枝上。经常长时间一动不动地注视着水面伺机捕食。营巢于水域岸边或附近陡直的土岩或砂岩壁上，掘洞为巢。繁殖期5~8月。

食性：主要以鱼、虾等水生动物为食。

分布：国外广泛见于印度尼西亚至新几内亚等地区；中国见于东北、华东、华中、华南、西南地区。

生境：主要栖息于林区溪流、平原河谷、水库、水塘、水田岸边，常出没于淡水湖泊、溪流、运河、鱼塘、红树林中。

保护级别：“三有”野生动物。

居留类型：留鸟。

鉴赏要点：翠鸟是艺术家和工艺美术师常用的创作题材，经常出现于绘画中以及瓷器、丝织品、玉雕、木雕等器物上。中式家具中经常能够看到翠鸟和荷花在一起的图案，寓意“春天折梅赠远，秋天采莲怀人”，荷花象征着人和人之间的纯洁友情，而翠鸟寓意“吉祥如意”。

斑鱼狗 *Ceryle rudis*（佛法僧目 CORACIIFORMES 翠鸟科 Alcedinidae）

形态特征：雄鸟前额、头顶、冠羽、头侧黑色，缀以白色细纹；眼先和眉纹白色。上体黑色而多具白点。初级飞羽及尾羽基白色而稍带有黑色。下体白色，胸具两条黑色胸带，前面一条较宽，后面一条较窄。两胁和腹侧具黑斑。虹膜淡褐色，嘴黑色，脚、爪黑褐色。雌鸟和雄鸟相似，但仅具一条胸带，且常常在中部断裂，仅胸两侧具大黑斑。

习性：常单独活动，多在距水面不远的低空飞翔觅食。营巢于河流岸边砂岩上，掘洞为巢。繁殖期 3~7 月。

食性：食物以小鱼为主，兼吃甲壳类动物、水生昆虫，也啄食小型蛙类和少量水生植物。

分布：国外见于印度、不丹、斯里兰卡、缅甸、泰国等；中国主要见于长江流域以南地区。

生境：主要栖息于低山和平原溪流、河流、湖泊、运河等开阔水域岸边，有时出现在水塘和路边水渠岸上。

保护级别：“三有”野生动物、广东省重点保护陆生野生动物。

居留类型：留鸟。

鉴赏要点：斑鱼狗喜欢吃鱼，更擅长捕鱼，捕鱼时的必杀技是“空中悬停”。斑鱼狗这个名字，就是因为它们站在水边的树枝上或者石块上等待捕鱼的时候，像直直蹲着的小狗。李时珍在《本草纲目》中是这样解释的：“狗、虎、师，皆兽之噬物者。此鸟害鱼，故得此类命名”。

白胸翡翠 *Halcyon smyrnensis*（佛法僧目 CORACIIFORMES 翠鸟科 Alcedinidae）
俗名：白喉翡翠、白喉翠鸟

形态特征：体形略大。腹部栗色，颏、喉及胸部白色。头、颈及下体余部褐色。上背、翼及尾蓝色鲜亮如闪光（晨光中看似青绿色），翼上覆羽上部及翼端黑色。虹膜深褐色，嘴深红色，脚红色。

习性：常单独活动。通常沿河流和稻田中的沟渠、稀疏丛林、城市花园、鱼塘和海滩狩猎。飞行时呈直线，速度较快。营巢于河岸边、河谷岩洞中。繁殖期 3~6 月。

食性：主要以鱼、蟹、软体动物和水生昆虫为食，也吃蚱蜢、蝗虫、甲虫等陆栖昆虫和蛙、蛇、鼠类等小型陆栖脊椎动物。

分布：国外见于中东地区、印度、中南半岛、苏门答腊岛等；中国见于华南地区及川西地区。

生境：栖息于山地森林和山脚平原的河流、湖泊岸边，也出现于池塘、水库、沼泽和稻田等水域岸边。在平原和海拔 1500 m 的地区均有分布。

保护级别：中国《国家重点保护野生动物名录》二级。

居留类型：留鸟。

大拟啄木鸟 *Psilopogon virens*（䴕形目 PICIFORMES 拟䴕科 Megalaimidae）

形态特征：头较粗大。嘴大而粗厚，象牙色或淡黄色。整个头、颈和喉暗蓝色或紫蓝色，上胸暗褐色，下胸和腹淡黄色，尾下覆羽红色，覆腿羽黄绿色。爪角褐色。

习性：常单独或成对活动，有时在食物丰富的地方也成小群活动。常栖于高树顶部。在树洞筑巢。繁殖期 4~8 月。

食性：主要以植物的花、果实和种子为食，也吃各种昆虫。

分布：国外见于缅甸、泰国等；中国见于西南、华南等地区。

生境：栖息于海拔 1500 m 以下的常绿阔叶林内，也见于针阔叶混交林。

保护级别：“三有”野生动物。

居留类型：留鸟。

黑眉拟啄木鸟 *Psilopogon faber*（䴕形目 PICIFORMES 拟䴕科 Megalaimidae）
俗名：五色鸟

形态特征：喙基上黑色嘴须发达，身体多为翠绿色，头部大部分为蓝色，额头和喉部分布有黄色，眼先和前颈有小部分红色，眼部至耳羽上方黑色，粗厚嘴部为黑色，脚铅灰色。因其羽毛有五种颜色，又名五色鸟。

习性：常单独或成小群活动。飞行笨拙，只能短距离飞行，不能进行长时间的持续飞行。营巢于树洞中。繁殖期 4~6 月。

食性：主要以植物果实和种子为食，也吃少量昆虫。

分布：国外见于老挝、印度尼西亚、马来西亚等；中国见于贵州、江西、福建、广东、广西、海南、台湾等。

生境：主要栖息于海拔 2500 m 以下的中、低山和山脚平原常绿阔叶林和次生林中。

保护级别：“三有”野生动物。

居留类型：留鸟。

鉴赏要点：黑眉拟啄木鸟多栖于树上层或树梢上，不爱动。鸣声单调而洪亮，常不断地重复鸣叫，其鸣声似“噶、噶”或“咯、咯、咯”，像木鱼声。

斑姬啄木鸟 *Picumnus innominatus*（䴕形目 PICIFORMES 啄木鸟科 Picidae）

俗名：姬啄木鸟、小啄木鸟

形态特征：下体多具黑点，脸及尾部具黑白色纹。嘴尖而略粗壮，灰黑色，额棕色，眉纹白色，过眼纹黑褐色，背和翼橄榄绿色。下体白色，喉具黑斑，胸及两胁布满黑褐色圆形点斑，尾短，主要为黑色，中央和最外侧白色。

习性：常单独活动。多在地上或树枝上觅食，较少像其他啄木鸟那样在树干攀缘。觅食时持续发出轻微的叩击声。营巢于树洞内。繁殖期 4~7 月。

食性：主要以蚂蚁、甲虫和其他昆虫为食，有益于农林业。

分布：广泛见于亚洲东部和东南部地区；中国见于中部、东部和长江流域以南地区。

生境：栖息于海拔 2000 m 以下的低山丘陵和山脚平原常绿或落叶阔叶林中，也出现于针阔叶混交林和针叶林地带。尤其喜欢在开阔的疏林、竹林和林缘灌丛中活动。

保护级别：“三有”野生动物、广东省重点保护陆生野生动物。

居留类型：留鸟。

灰头绿啄木鸟 *Picus canus*（䴕形目 PICIFORMES 啄木鸟科 Picidae）

俗名：山啄木、火老鸦、绿奔得儿木

形态特征： 中等体形的绿色啄木鸟。雄鸟额及头顶前部朱红色，眼先和颊纹黑色，枕部黑色，头后和颈部灰色，背和翼上覆羽绿黄色，飞羽黑褐色具白斑，尾羽色深或染绿色，并具深色横斑，颊、喉、胸和腹部灰色，两胁染绿色，尾下覆羽灰色。雌鸟顶冠灰色或具黑色条纹，亦或全黑色，而无红斑，其余体色似雄鸟。虹膜红褐色，嘴近灰色，脚蓝灰色。

习性： 常单独或成对活动。飞行迅速，呈波浪式前进。常在树干的中下部或地面取食，尤其是在地上倒木和蚁穴附近活动较多。性谨慎且怯生。繁殖期 4~6 月。

食性： 主要以鳞翅目、鞘翅目、膜翅目昆虫为食。

分布： 常见于欧亚大陆；中国广泛见于各省。

生境： 主要栖息于低山阔叶林和混交林中，也出现于次生林和林缘地带，很少出现在原始针叶林中。

保护级别： “三有”野生动物、广东省重点保护陆生野生动物。

居留类型： 留鸟。

红隼 *Falco tinnunculus*（隼形目 FALCONIFORMES 隼科 Falconidae）
俗名：茶隼、红鹰、黄鹰

形态特征：体形较小的赤褐色隼。雄鸟头顶及颈背灰色，尾蓝灰色无横斑，上体赤褐色略具黑色横斑，下体皮黄色而具黑色纵纹。雌鸟体形略大，上体全褐色，比雄鸟少赤褐色而多粗横斑。虹膜褐色，嘴灰色而端黑色，脚黄色。

习性：傍晚时最为活跃。喜欢单独活动。视力敏捷，取食迅速。因猎食时有翱翔习性而著名。多筑巢于悬崖上、山坡岩石缝隙间及土洞、树洞内。繁殖期 5~7 月。

食性：主要以鼠、雀形目鸟类、蛙、蜥蜴、松鼠、蛇等小型脊椎动物为食，也吃大型昆虫。

分布：国外见于非洲、印度、菲律宾等；中国主要见于北京、河北、内蒙古、黑龙江、上海、浙江、安徽、福建、江西、广东等地。

生境：栖息于山地森林、森林苔原、低山丘陵、草原、旷野、森林平原、农田耕地和村庄附近的各类生境中。

保护级别：中国《国家重点保护野生动物名录》二级。

居留类型：冬候鸟。

鉴赏要点：红隼是比利时的国鸟。红隼为城市常见的猛禽之一，其有两项高超技能：一是振翅悬停；二是眼睛可以识别紫外光，可以用来观察田鼠行进时在路上留下的尿液。这两项技能大大提升了红隼的捕食能力。

燕隼 *Falco subbuteo*（隼形目 FALCONIFORMES 隼科 Falconidae）

俗名：青条子、蚂蚱鹰、青尖

形态特征：上体暗蓝灰色，虹膜褐色，眼周黄色，嘴灰黑色，眉纹白色，颊部有一个垂直向下的黑色髭纹。翼长，腿及臀棕色，胸乳白色而具黑色纵纹。飞翔时翅膀狭长而尖，像镰刀一样，翼下为白色，密布黑褐色的横斑。翅膀折合时，翅尖几乎到达尾羽的端部，看上去很像燕子，因而得名燕隼。雌鸟体形比雄鸟大，多褐色，且腿及尾下覆羽细纹较多。

习性：飞行快速而敏捷，如同闪电般。主要在空中捕食，甚至能捕捉飞行速度极快的家燕和雨燕等。筑巢于高大的树上。繁殖期 5~7 月。

食性：主要以麻雀、山雀等雀形目小鸟为食，也大量捕食蜻蜓、蟋蟀、蝗虫、天牛、金龟子等昆虫，偶尔捕食蝙蝠。

分布：国外见于欧洲、非洲、中东地区、俄罗斯、日本、印度等；中国见于黑龙江、河北、江苏、浙江、安徽、江西、湖北、湖南、广东等地。

生境：栖息于有稀疏树木生长的开阔平原、旷野、耕地、海岸、疏林和林缘地带，高可至海拔 2000 m。

保护级别：中国《国家重点保护野生动物名录》二级。

居留类型：冬候鸟。

仙八色鸫 *Pitta nympha*（雀形目 PASSERIFORMES 八色鸫科 Pittidae）

形态特征：色彩艳丽，雄鸟前额至枕部深栗色，有黑色中央冠纹，眉纹淡黄色，背、肩及内侧飞羽辉绿色。颏黑褐色，喉白色，下体淡黄褐色，腹中及尾下覆羽朱红色。嘴黑色，脚黄褐色。雌鸟羽色似雄鸟但较浅淡。

习性：喜单独在林、灌丛中活动。地栖性，行动敏捷，性机警而胆怯，多在地上跳跃行走。飞行速度较慢。繁殖期 5~7 月。

食性：主要以昆虫为食。

分布：国外见于日本、朝鲜、越南等；中国主要见于华南地区。

生境：栖息于平原至低山的次生阔叶林内。

保护级别：中国《国家重点保护野生动物名录》二级。

居留类型：夏候鸟。

鉴赏要点：仙八色鸫有“鸟中仙女”的美名，因其具有八种颜色的羽毛而得名，是珍贵的观赏鸟类。

黑枕黄鹂 *Oriolus chinensis*（雀形目 PASSERIFORMES 黄鹂科 Oriolidae)

俗名：黄鹂、黄莺、黄鸟

形态特征：通体金黄色，两翅和尾黑色，头枕部有一宽阔的黑色带斑，并向两侧延伸，与黑色贯眼纹相连，形成一条围绕头顶的黑带，在金黄色的头部甚为醒目，嘴粉红色，脚铅色。雌雄羽色相似但雌羽较暗淡。

习性：常单独或成对活动。常停栖在高树上，偶尔到地面捕食。飞行呈波浪式，缓慢有力。繁殖期 5~7 月。

食性：主食昆虫，也吃少量植物果实与种子。

分布：国外从朝鲜半岛到亚洲东南部各国均有分布；中国广泛分布于各省。

生境：主要栖息于低山丘陵和山脚平原地带的天然次生阔叶林、混交林中，尤喜天然栎树林和杨木林，也出入于农田、原野、村寨附近、城市公园的树上。

保护级别：“三有”野生动物。

居留类型：夏候鸟。

鉴赏要点：黑枕黄鹂的鸣声宛如西洋乐器中黑管的音调，美妙多变，被誉为“林中黑管手”。在诸多有关黄鹂的诗词中，所描写的都是黑枕黄鹂，如杜甫“两个黄鹂鸣翠柳，一行白鹭上青天”，李白“春阳如昨日，碧树鸣黄鹂”，柳宗元“倦闻子规朝暮声，不意忽有黄鹂鸣”，白居易“翅低白雁飞仍重，舌涩黄鹂语未成”。

白腹凤鹛 *Erpornis zantholeuca*（雀形目 PASSERIFORMES 莺雀科 Vireonidae）
俗名：绿知目鸟、青奇公、绿凤鹛

形态特征： 上体从头到尾黄绿色，有短的羽冠，头顶微具黑色羽轴纹；眼先、眼周、耳羽和下体灰白色，尾下覆羽黄色，上嘴浅褐色或肉褐色，下嘴浅肉色，脚肉黄色。

习性： 常单独或成对活动。群栖。性活泼，行动敏捷，活动时较为安静。在森林的高层取食。繁殖期 4~6 月。

食性： 主要以昆虫为食。

分布： 国外见于尼泊尔、不丹、孟加拉国、越南、泰国、马来西亚、印度尼西亚等；中国南部广泛分布。

生境： 主要栖息于海拔 1500 m 以下的低山丘陵和山脚与河谷地带的常绿阔叶林与次生林中，也栖息于混交林和针叶林及其林缘灌丛中。

保护级别： “三有”野生动物。

居留类型： 留鸟。

灰喉山椒鸟 *Pericrocotus solaris*（雀形目 PASSERIFORMES 山椒鸟科 Campephagidae）

俗名：十字鸟

形态特征： 雄鸟头部和背亮黑色，腰、尾上覆羽、下体朱红色，翅黑色，具一大一小的两道朱红色翼斑，中央尾羽黑色，外侧尾羽基部黑色，端部红色。雌鸟额、头顶前部、颊、耳羽和整个下体均为黄色，腰和尾上覆羽亦为黄色。

习性： 除繁殖期成对活动外，其他时候多成群活动。性活泼，飞行姿势优美。繁殖期 3~6 月。

食性： 主要以昆虫为食，偶尔也吃少量植物种子。

分布： 国外见于尼泊尔、不丹、孟加拉国、印度、印度尼西亚等；中国见于云南、贵州、广西、湖南、江西、广东、海南、福建、台湾等地。

生境： 主要栖息于海拔 1200~2000 m 的低山丘陵地带的杂木林和山地森林中，尤以低山阔叶林、针阔叶混交林较常见。

保护级别： “三有”野生动物。

居留类型： 留鸟。

赤红山椒鸟 *Pericrocotus speciosus*（雀形目 PASSERIFORMES 山椒鸟科 Campephagidae）
俗名：红十字鸟、朱红山椒鸟

形态特征： 雌雄异色。雄鸟腰、尾上覆羽、下体胸以下朱红色或橙红色，下体胸以上黑色。雌鸟前额、头顶前部和一短窄的眉纹深黄色，头顶后部、枕、后颈、背、肩褐灰色或灰色，腰和尾上覆羽橄榄黄色。

习性： 除繁殖期成对活动外，其他时候多成群活动。行动敏捷。繁殖期 5~7 月。

食性： 主要以昆虫为食，偶尔也吃少量植物种子。

分布： 国外见于印度、孟加拉国、缅甸、越南、老挝、泰国、马来西亚等；中国主要见于西藏、云南、贵州、广西、广东、福建、江西、湖南、海南、江苏等地。

生境： 主要栖息于海拔 2100 m 以下的低山丘陵和山脚平原地区的次生阔叶林、热带雨林、季风雨林等森林中，也见于针阔叶混交林、针叶林、稀树草坡和地边树丛中。

保护级别： “三有”野生动物。

居留类型： 留鸟。

鉴赏要点： 赤红山椒鸟有吃辣的嗜好，辣椒类植物在赤红山椒鸟的体内可以转化为一种特殊的化合物——辣椒素，这种化合物可提高赤红山椒鸟的免疫力。

发冠卷尾 *Dicrurus hottentottus*（雀形目 PASSERIFORMES 卷尾科 Dicruridae）

俗名：卷尾燕、山黎鸡、黑铁练甲

形态特征：体形略大。头具细长羽冠，体羽绒黑色缀铜绿色金属光泽。尾长而分叉，外侧羽端钝而上翘，形似竖琴。雌鸟体羽似雄鸟，但铜绿色金属光泽不如雄鸟鲜艳，额顶基部的发状羽冠亦较雄鸟短小。虹膜红褐色，嘴及脚黑色。

习性：单独或成对活动，很少成群活动。树栖性，主要在树林中下层活动和觅食。飞行快而有力。繁殖期 5~7 月。

食性：主要以各种昆虫为食，偶尔也吃少量植物果实、种子、叶、芽等。

分布：国外见于印度、缅甸、老挝、泰国、越南、菲律宾、印度尼西亚等；中国广泛见于长江流域及其以南地区。

生境：栖息于海拔 1500 m 以下的低山丘陵、山脚沟谷地带，多在常绿阔叶林、次生林、人工松林、林缘疏林、村落和农田附近的小块丛林与树上活动。

保护级别：“三有”野生动物。

居留类型：夏候鸟。

红尾伯劳 *Lanius cristatus*（雀形目 PASSERIFORMES 伯劳科 Laniidae)

俗名：褐伯劳、土虎伯劳、花虎伯劳

形态特征：体形略小，雄鸟头顶和枕部灰色，有宽阔的黑色贯眼纹。背部、两翼和尾羽棕褐色。喉部白色，胸腹部和腹部皮黄色。雌鸟外观似雄鸟，但头部灰褐色，两胁有褐色鱼鳞纹。幼鸟外观似雌鸟，但头顶为棕色。

习性：单独或成对活动。性活泼，常在枝头跳跃或飞上飞下。繁殖期 5~7 月。

食性：主要以昆虫等为食，偶尔吃少量草籽。

分布：常见于俄罗斯、亚洲东部地区；中国广泛分布于东部、南部地区。

生境：主要栖息于低山丘陵和山脚平原地带的灌丛、疏林和林缘地带，也见于草甸灌丛、山地阔叶林、针阔叶混交林林缘灌丛中。

保护级别：“三有”野生动物。

居留类型：冬候鸟。

鉴赏要点：红尾伯劳学名中“Lanius”的意思是“屠夫”，主要原因在于红尾伯劳的捕食方式很凶猛。

棕背伯劳 *Lanius schach*（雀形目 PASSERIFORMES 伯劳科 Laniidae）

俗名：桂来姆、黄伯劳、长尾伯劳

形态特征：体形略大。黑翅，尾长。成鸟额、眼纹、两翼及尾黑色，翼有一白色斑；头顶及颈背灰色或灰黑色；背、腰及体侧红褐色；颏、喉、胸及腹中心部位白色。头及背部黑色的扩展随亚种而有不同。亚成鸟色较暗，两胁及背具横斑，头及颈背灰色较重。虹膜黑色，嘴及脚黑色。

习性：除繁殖期成对活动外，多单独活动。叫声尖利粗哑，能模仿其他鸟类的鸣叫声。性凶猛，领域性甚强。繁殖期 3~7 月。

食性：主要以昆虫为食，也捕食小鸟、蛙和啮齿类动物。

分布：国外主要见于西亚、中亚、南亚地区，以及菲律宾、新几内亚等；中国见于长江流域及其以南地区。

生境：主要栖息于低山丘陵和山脚平原地区，夏季可见于海拔 2000 m 左右的次生阔叶林和混交林的林缘地带。

保护级别：“三有”野生动物。

居留类型：留鸟。

松鸦 *Garrulus glandarius*（雀形目 PASSERIFORMES 鸦科 Corvidae）

形态特征：体形小的偏粉色鸦。翅短，尾长，羽毛蓬松呈绒毛状，头顶有羽冠，上体葡萄棕色，腰白色，髭纹黑色，两翼黑色具白色块斑。尾上覆羽白色，尾和翅黑色，翅上有黑、白、蓝三色相间的横斑，极为醒目。

习性：除繁殖期成对活动外，其他季节常聚集成 3~5 只的小群四处游荡。栖息在树顶上，多躲藏在树丛中。有贮藏食物的习惯。营巢于高大乔木顶端较为隐蔽的枝杈上。繁殖期 4~7 月。

食性：杂食性，繁殖期主要以昆虫为食，也吃蜘蛛、鸟卵、雏鸟等，秋、冬季和早春主要以植物果实与种子为食，兼食部分昆虫。

分布：广泛分布于欧亚大陆和非洲西北部；中国除西部地区外，其他地方均有分布。

生境：栖息在针叶林、针阔叶混交林、阔叶林等森林中，有时也见于林缘疏林和天然次生林内，很少见于平原耕地上。

保护级别：“三有”野生动物。

居留类型：留鸟。

鉴赏要点：松鸦善仿其他动物的鸣声。

红嘴蓝鹊 *Urocissa erythrorhyncha*（雀形目 PASSERIFORMES 鸦科 Corvidae)

俗名：赤尾山鸦、长尾山鹊、长尾巴练

形态特征： 虹膜橘红色，嘴、脚红色，头、颈、喉、胸黑色，头顶至后颈有一块白色至淡蓝色或紫灰色块斑，其余上体紫蓝灰色或淡蓝灰褐色，腹部及臀部白色，尾长呈凸状，下体白色。

习性： 性喜群栖，常成对或成小群活动。性活泼而嘈杂。飞行时呈波浪状，极具造型之美。营巢于树木侧枝上、高大竹林中。繁殖期 5~7 月。

食性： 杂食性，以蛙、蜥蜴、雏鸟以及其他小型无脊椎动物为食，也食植物果实与种子，偶尔吃小麦、玉米等农作物。

分布： 国外见于印度、缅甸、尼泊尔、泰国、越南等；中国广泛分布于东南部地区。

生境： 主要栖息于山区常绿阔叶林、针叶林、针阔叶混交林和次生林中，也见于竹林、林缘疏林和村旁、地边树上。

保护级别： "三有"野生动物。

居留类型： 留鸟。

鉴赏要点： 红嘴蓝鹊是鹊类中体形最大、尾巴最长、羽色最美的一种，具有极高的观赏价值。在我国古代神话传说中，红嘴蓝鹊是《山海经・西山经》中青鸟的原型。传说红嘴蓝鹊是为西王母守护药匣的神鸟。红嘴蓝鹊是古今花鸟画中常见的主角，如宋代黄居寀画作《山鹧棘雀图》，其中便有红嘴蓝鹊的意象。明代吕纪的《桂菊山禽图》中，居于中间的便是 3 只红嘴蓝鹊。

灰树鹊 *Dendrocitta formosae*（雀形目 PASSERIFORMES 鸦科 Corvidae）

形态特征：头顶至后枕灰色，其余头部以及颏与喉黑色，背、肩棕褐色或灰色。腰和尾上覆羽灰白色或白色，翅黑色具白色翅斑，尾黑色，中央尾羽灰色，胸腹灰色，尾下覆羽栗色。

习性：常成对或成小群活动。树栖性，多栖于高大乔木顶枝上。喜鸣叫，叫声尖厉而喧闹。营巢于树上。繁殖期 4~6 月。

食性：主要以植物果实与种子为食，也吃昆虫。

分布：国外见于孟加拉国、不丹、印度、老挝、缅甸、尼泊尔、泰国、越南等。中国主要见于长江流域及其以南地区。

生境：主要栖息于山地阔叶林、针阔叶混交林和次生林中，也见于林缘疏林和灌丛中。

保护级别：“三有”野生动物。

居留类型：留鸟。

喜鹊 *Pica serica*（雀形目 PASSERIFORMES 鸦科 Corvidae)

俗名：普通喜鹊、欧亚喜鹊、客鹊

形态特征：头、颈、背至尾均为黑色，自前往后分别呈现紫色、蓝绿色、绿色等光泽，双翅黑色而在翼肩有一大形白斑，尾远较翅长，呈楔形，嘴、腿脚纯黑色，腹面以胸为界，前黑后白。

习性：常出没于人类活动地区，喜欢把巢筑在民宅旁的大树上，巢大而醒目。性机警。全年大多成对生活。繁殖期 3~5 月。

食性：以昆虫、蛙类、鸟卵、雏鸟为食，兼食瓜果、植物种子等。

分布：全球性分布，尤其常见于欧亚大陆和非洲北部地区；中国广泛分布。

生境：栖息在山区、平原，也见于荒野、农田、郊区、城市、公园、花园等地。

保护级别：“三有”野生动物。

居留类型：留鸟。

鉴赏要点：喜鹊在中国是吉祥的象征，自古有“画鹊兆喜”的风俗。远在先秦时，人们认为鹊鸟能传达未知的消息，便把鹊鸟附会成报喜鸟，称之为喜鹊。传说在农历七月初七喜鹊们会架起“鹊桥”让牛郎和织女在天河相会。

小嘴乌鸦 *Corvus corone*（雀形目 PASSERIFORMES 鸦科 Corvidae)

俗名：细嘴乌鸦、老鸦、老鸹

形态特征： 雄雌同形同色，通体漆黑，无论是喙、虹膜，还是双足均是饱满的黑色；但细看小嘴乌鸦的体羽并非漆黑一团，除头顶、后颈和颈侧之外的其他部分羽毛都带有一些蓝色、紫色和绿色的金属光泽，顺光或侧光观察小嘴乌鸦，能明显地看出羽毛的金属光泽；它们飞羽和尾羽的光泽略呈蓝绿色，其他部分则呈蓝偏紫色光泽，下体光泽较黯淡。

习性： 繁殖期单独或成对活动，性机警，人很难靠近。取食于矮草地及农耕地上。

食性： 杂食性，主要以昆虫和植物果实、种子为食，也吃蛙、蜥蜴、鱼、小型鼠类、雏鸟、鸟卵、柞蚕、腐尸、垃圾等，是自然界的清洁工。

分布： 广泛见于欧亚大陆；中国见于黑龙江、北京、河北、内蒙古、新疆、江苏、四川、广东、海南、云南等地。

生境： 栖息于低山、丘陵和平原地带的疏林中及林缘地带。

居留类型： 留鸟。

鉴赏要点： 小嘴乌鸦与大嘴乌鸦的区别是小嘴乌鸦比大嘴乌鸦的额弓低，嘴虽强劲但略细小；大嘴乌鸦体形更大一些。各国传统文化中的乌鸦文化都指向这两种乌鸦。

大嘴乌鸦 *Corvus macrorhynchos*（雀形目 PASSERIFORMES 鸦科 Corvidae）

俗名：巨嘴鸦、老鸦、老鸹

形态特征：通身漆黑，除头顶、后颈和颈侧之外的其他部分羽毛带有明显的蓝色、紫色和绿色的金属光泽，嘴粗大，嘴峰弯曲，峰明显，嘴基有长羽，伸至鼻孔处，尾长、呈楔状，后颈羽毛柔软松散如发状，羽干不明显。虹膜黑色，嘴黑色，脚黑色。

习性：除繁殖期间成对活动外，喜结群活动。性机警而大胆。筑巢于高大乔木顶部枝杈处。繁殖期 3~6 月。

食性：主要以昆虫为食。

分布：广泛分布于亚洲东部和南部地区；中国全境可见。

生境：主要栖息于低山、平原和山地阔叶林、针阔叶混交林、针叶林、次生杂木林、人工林中，尤以疏林和林缘地带较常见。

保护级别：“三有”野生动物。

居留类型：留鸟。

鉴赏要点：唐代之前，乌鸦在中国民俗文化中是有吉祥和预言寓意的神鸟；唐代以后，乌鸦成为主凶兆的鸟。儒家文化常以自然界的动物形象来教化人们，如“乌鸦反哺，羔羊跪乳”便将乌鸦视为“孝鸟”，流传几千年。

大山雀 *Parus major*（雀形目 PASSERIFORMES 山雀科 Paridae）

形态特征：头部整体为黑色，两颊各有一个椭圆形大白斑。上背、翼覆羽、腰部黄绿色，腹部淡黄色。翼上有一道醒目的白色条纹，一道黑色带沿胸中央而下。雄鸟中央黑色带较宽，雌鸟的中央黑色带没有扩达到腿基。虹膜黑色，嘴黑褐色或黑色，脚暗褐色或深灰色。

习性：除繁殖期间成对活动外，秋冬季节多成小群活动。性较活泼而大胆，不甚畏人。行动敏捷，能悬垂在枝叶下面觅食，偶尔也飞到空中或地面捕捉昆虫。营巢于天然树洞中。繁殖期 4~8 月。

食性：主要以昆虫为食。

分布：广泛分布于欧亚大陆和非洲；中国见于除新疆南部和西藏外的大部分地区。

生境：主要栖息于低山地带的次生阔叶林、阔叶林和针阔叶混交林中，也出入于人工林和针叶林中。

保护级别：“三有”野生动物。

居留类型：留鸟。

黄颊山雀 *Machlolophus spilonotus*（雀形目 PASSERIFORMES 山雀科 Paridae）

俗名：花奇公、催耕鸟

形态特征： 雄鸟额、头顶和羽冠为具有光泽的黑色。额基、眼先、眉纹、脸颊、耳羽、头颈侧为鲜艳的明黄色，贯眼纹黑色。上体灰黄绿色，下体为富有金属光泽的黑色。胸下有一黑色宽中央纵纹，一直延伸至肛周。虹膜黑色，喙黑色，脚铅蓝灰色至铅黑色。雌鸟似雄鸟，但上体光泽较弱，胸腹部黑色纵带不明显。

习性： 常成对或成小群活动。营巢于树洞中。繁殖期 4~6 月。

食性： 主要以昆虫和植物的果实、种子等为食。

分布： 国外见于不丹、印度、老挝、缅甸、尼泊尔、泰国、越南等；中国主要见于四川、贵州、湖南、福建、广东、香港、广西、云南、西藏等地。

生境： 主要栖息于海拔 2000 m 以下的常绿阔叶林、针阔叶混交林、针叶林、人工林和林缘灌丛中，也出入于山边稀树草坡、果园、茶园、溪边、地边灌丛中和小树上。

保护级别： “三有”野生动物。

居留类型： 留鸟。

黄腹山鹪莺 *Prinia flaviventris*（雀形目 PASSERIFORMES 扇尾莺科 Cisticolidae）

俗名：黄腹鹪莺、灰头鹪莺

形态特征：体形略大，尾长，橄榄绿色，喉及胸白色，胸以下及腹部黄色为其特征。头灰色，有时具浅淡近白色的短眉纹。上体橄榄绿色，腿部皮黄色或棕色。换羽导致羽色有异。繁殖期尾较短，雄鸟上背黑色较多，雌鸟碳黑色，冬季粉灰色。虹膜红色，嘴黑褐色，脚粉红色。

习性：常单独或成对活动。甚惧生，藏匿于高草或芦苇中，仅在鸣叫时栖于高枝。营巢于杂草丛间或低矮灌木上。繁殖期 4~7 月。

食性：主要以昆虫为食，也吃植物果实和种子。

分布：国外见于印度次大陆和太平洋诸岛等；中国见于西南和东南沿海地区。

生境：主要栖息于山脚和平原地带的芦苇、沼泽、灌丛、草地上，也见于河流、湖泊、水渠和农田地边的稀树草坡、小树丛、灌丛和草丛中。

保护级别：“三有”野生动物。

居留类型：留鸟。

纯色山鹪莺 *Prinia inornata*（雀形目 PASSERIFORMES 扇尾莺科 Cisticolidae）

俗名：褐头鹪莺、纯色鹪莺、褐头山鹪莺

形态特征：体形略大。虹膜橙色，嘴黑色，嘴基粉色，眉纹色浅，喙黑色，脚粉红色，飞羽羽缘红棕色。尾长，呈凸状，占身长一半以上。上体暗灰褐色，下体淡皮黄色至偏红色，背色较浅且较褐山鹪莺色单纯。

习性：结小群活动。常于树上、草茎间或在飞行时鸣叫。筑巢于草丛间。繁殖期 5~7 月。

食性：主要以昆虫为食，也吃植物果实和种子。

分布：国外见于巴基斯坦、印度、尼泊尔、泰国等；中国见于西南、华南、华中、东南等地区。

生境：栖于高草丛、芦苇地、沼泽、玉米地、稻田中。

保护级别：“三有”野生动物。

居留类型：留鸟。

长尾缝叶莺 *Orthotomus sutorius*（雀形目 PASSERIFORMES 扇尾莺科 Cisticolidae）
俗名：普通缝叶莺、火尾缝叶莺

形态特征：雌雄羽色相似。额及前顶冠棕色，眼先及头侧近白色，眼周淡棕色。背、两翼及尾橄榄绿色，下体白色而两胁灰色。尾长且常上扬。繁殖期雄鸟的中央尾羽由于换羽而更显长。虹膜黄褐色，上嘴黑色，下嘴偏粉色，脚肉色。

习性：常单独或成对活动，有时亦见 3~5 只成群活动。性活泼。常在树枝叶间、灌木丛与草丛中活动和觅食。营巢于树丛或灌丛中。繁殖期 5~8 月。

食性：主要以昆虫为食，偶尔也吃植物果实。

分布：国外见于孟加拉国、不丹、柬埔寨、印度、印度尼西亚、老挝、马来西亚、泰国、越南；中国见于华南、东南地区以及湖南等地。

生境：主要栖息于海拔 1000 m 以下的低山、山脚和平原地带，尤喜人类居住环境附近的小树丛、人工林的灌木丛中。

保护级别：“三有”野生动物。

居留类型：留鸟。

鉴赏要点：长尾缝叶莺有缝叶筑巢的本领；它能借助一片或两片适合的大树叶，用干枯的菲草丝，将叶片边缘细细缝起来营巢，故有“缝叶莺”之名。

小鳞胸鹪鹛 *Pnoepyga pusilla*（雀形目 PASSERIFORMES 鳞胸鹪鹛科 Pnoepygidae）
俗名：小鹪鹛、小鳞鹪鹛

形态特征：尾特别短小，外表像一只无尾小鸟。上体暗棕褐色，具黑褐色羽缘，翅上中覆羽和大覆羽具棕黄色点状次端斑，在翅上形成两列棕黄色点斑。下体白色或棕黄色，具暗褐色羽缘。在胸、腹形成明显的鳞状斑。虹膜暗褐色，上嘴黑褐色，下嘴稍淡，嘴基黄褐色，脚和趾褐色。

习性：单独或成对活动。性惧生、隐蔽，常躲藏在林下茂密的灌丛、竹丛、草丛中活动和觅食。在森林地面急速奔跑，形似老鼠。多筑巢于灌丛中。繁殖期 4~7 月。

食性：主要以昆虫和植物叶、芽为食。

分布：国外见于尼泊尔、不丹、印度、孟加拉国、柬埔寨、缅甸、泰国、老挝、越南等；中国见于西南部、东部、南部地区。

生境：主要栖息于海拔 3000 m 以下的中高山森林地带，尤喜森林茂密、林下植物发达、地势起伏不平且多岩石和倒木的阴暗潮湿环境。

保护级别：“三有”野生动物。

居留类型：留鸟。

崖沙燕 *Riparia riparia*（雀形目 PASSERIFORMES 燕科 Hirundinidae）
俗名：水燕子、土燕、灰沙燕

形态特征： 雌雄羽色相似。上喙近先端有一缺刻，口裂极深，嘴须不发达。头部、背、两翼及尾部深灰褐色，尾短且略分叉，下体白色或灰白色，喉部白色常延伸至颈侧，褐色的胸带明显。翅狭长而尖，脚短而细弱，趾三前一后。虹膜褐色，嘴及脚黑色。

习性： 常成群生活，一般不远离水域。飞行轻快而敏捷，但一般不高飞。常停栖在沼泽地、稻田、村镇道路旁的电线上。筑巢于河流或湖泊岸边的砂质悬崖上。繁殖期 5~7 月。

食性： 主要以昆虫为食。

分布： 全世界除大洋洲外广泛分布；中国全境可见。

生境： 喜栖于湖泊、沼泽、江河的泥质沙滩上或附近的土崖、沟壑陡壁及山地岩石带。

保护级别： “三有”野生动物。

居留类型： 留鸟。

鉴赏要点： 崖沙燕常营巢于河流或湖泊岸边砂质悬崖上，由雌、雄成鸟轮流在砂质悬崖峭壁上用嘴凿洞为巢，巢呈水平坑道状，因而也被称为“崖壁建筑师”。

家燕 *Hirundo rustica*（雀形目 PASSERIFORMES 燕科 Hirundinidae)

俗名：观音燕、燕子、拙燕

形态特征：头顶、颈背部至尾上覆羽为带有金属光泽的深蓝黑色，翼黑色，飞羽狭长。颏、喉、上胸棕栗色，下胸、腹部及尾下覆羽浅灰白色，无斑纹。尾深叉形，蓝黑色。喙黑褐色，短小而龇阔，呈倒三角形，脚短而细弱，趾三前一后，跗跖和脚黑色。雌雄相似。

习性：常成群栖息和活动，低声细碎鸣叫。善飞行，喜飞行中捕食，不善啄食。筑巢于砖瓦结构的建筑中，巢呈碗状。繁殖期 4~7 月。

食性：主要以昆虫为食，包括蚊、蝇、虻、蛾、叶蝉、象甲等农林害虫。

分布：世界广泛分布；中国见于大部分地区。

生境：常栖息于人类居住的环境中，如房顶、电线杆等人工构筑物上，也见于村落附近的河滩和田野里。

保护级别：“三有”野生动物。

居留类型：夏候鸟。

鉴赏要点：古人曾有“呢喃燕子语梁间”“莺啼燕语报新年”的佳句赞美家燕。家燕一直被视为吉祥鸟，能带来好运。中国自古以来就有保护家燕的习俗和传统。在中国北方，家燕的到来被看作是春天来临的标志。

金腰燕 *Cecropis daurica*（雀形目 PASSERIFORMES 燕科 Hirundinidae）

俗名：赤腰燕、黄腰燕

形态特征：金腰燕体形大小与家燕相似。背及翼上覆羽深黑蓝色，后颈栗黄色，形成领环，腰有栗色横带，下体栗白色而具黑色纵纹。尾长而叉深，黑色，无斑。虹膜黑色，嘴及脚黑色。

习性：常结小群活动。性极活跃。善飞行，飞行迅速、敏捷。喜在人类居住的区域活动，常见于农业景观中飞行捕食。筑巢于砖瓦结构建筑中，巢呈酒瓶状。繁殖期 4~9 月。

食性：以昆虫为食。

分布：国外见于欧洲、非洲、西伯利亚、印度、尼泊尔等；中国大部分地区均有分布。

生境：栖息于低山及平原地区的村庄、城镇内居民住宅区附近。

保护级别：“三有”野生动物。

居留类型：旅鸟。

鉴赏要点：其最显著的标志是有一条栗黄色的腰带，因此得名金腰燕、赤腰燕。在中国，金腰燕自古以来被认为是一种吉祥鸟，能给人们带来好运，因此人们欢迎它来家中筑巢。

红耳鹎 *Pycnonotus jocosus*（雀形目 PASSERIFORMES 鹎科 Pycnonotidae)
俗名：高鸡冠、高冠鸟、高髻冠

形态特征：中等体形。黑色羽冠长窄而前倾，特征为黑白色的头部图纹上具红色耳斑。上体余部偏褐色，下体皮黄色，臀红色，尾端具白色羽缘。虹膜深褐色，嘴及脚黑色。

习性: 常成小群活动。喧闹好动，常站在乔木顶端鸣唱。在乔木树冠层或灌丛中活动、觅食。筑巢于灌丛、竹林中。繁殖期 4~8 月。

食性：主要以植物性食物为主，也吃昆虫。

分布：国外见于尼泊尔、不丹、孟加拉国、印度、缅甸、泰国、越南等；中国见于西藏、云南、贵州、广西、广东、香港等地。

生境: 主要栖息于低山和山脚丘陵地带的雨林、季雨林、常绿阔叶林中，也见于林缘、路旁、溪边和农田地边的灌丛中与稀树草坡地带。

保护级别：“三有”野生动物。

居留类型：留鸟。

鉴赏要点：红耳鹎因有高耸的冠羽，俗称“高髻冠”。在中国传统文化中，红耳鹎是吉祥的象征，代表着好运和幸福。

白头鹎 *Pycnonotus sinensis*（雀形目 PASSERIFORMES 鹎科 Pycnonotidae）

俗名：白头翁、白头婆、淡臀鹎

形态特征：中等体形。眼后有一白色宽纹延伸至颈背，黑色的头顶略具羽冠，髭纹黑色，臀白色。雄鸟胸部灰色较深，雌鸟浅淡，雄鸟枕部白色极为清晰醒目。虹膜褐色，嘴近黑色，脚黑色。 亚成鸟整体灰色，仅头部橄榄色，且没有成鸟标志性的白头。

习性：常成 3 只至 10 多只的小群活动。性活泼，喜成群活动于果树林中。繁殖期 4~8 月。

食性：杂食性，吃植物和昆虫。

分布：国外见于越南等；中国见于长江流域以南地区。

生境：主要栖息于海拔 1000 m 以下的低山丘陵和平原地区的灌丛、草地、次生林、竹林中，也见于山脚和低山地区的阔叶林、混交林、针叶林中及其林缘地带。

保护级别： “三有”野生动物。

居留类型：留鸟。

鉴赏要点：白头鹎额至头顶黑色，两眼上方至后枕白色，又名白头翁，毛色特点与白发老人相似，常被人们作为长寿白头老人的象征。与它有关的吉祥图案有“长春白头、白头富贵、堂上双白”等，这些吉祥图案都寓意了夫妻白头偕老、幸福美满的美好愿景。

白喉红臀鹎 *Pycnonotus aurigaster*（雀形目 PASSERIFORMES 鹎科 Pycnonotidae）
俗名：红臀鹎、黑头公

形态特征：中等体形的鹎。额至头顶黑色而富有光泽，眼先、眼周、嘴基亦为黑色，耳羽银灰色或灰白色。上体灰褐色或褐色，尾上覆羽灰白色，尾羽黑褐色。下体颏及上喉黑色，下喉白色，其余下体污白色或灰白色，尾下覆羽血红色（亚成鸟或一些亚种为黄色）。虹膜深褐色，嘴及脚黑色。

习性：集小群活动，有时亦与红耳鹎或黄臀鹎混群。性活泼。善鸣叫。一般不长距离飞行。繁殖期 5~7 月。

食性：杂食性，主要以植物的花、叶、种子等为食，也吃昆虫。

分布：国外见于印度、越南、老挝、泰国、缅甸、印度尼西亚等；中国见于四川、云南、贵州、广东、湖南、江西、福建等地。

生境：主要栖息在低山丘陵和平原地带的次生阔叶林、竹林和灌丛中，也见于沟谷、林缘、季雨林和雨林中。

保护级别：“三有”野生动物。

居留类型：留鸟。

绿翅短脚鹎 *Ixos mcclellandii*（雀形目 PASSERIFORMES 鹎科 Pycnonotidae）
俗名：麦克氏短脚鹎、绿膀布鲁布鲁、山短脚鹎

形态特征： 体形较大。羽冠短而尖，颈背及上胸棕色，喉偏白而具纵纹。头顶深褐色具偏白色细纹。背、两翼及尾偏绿色。腹部及臀偏白色。虹膜红褐色，嘴近黑色，脚粉红色。

习性： 常成 3 只至 10 多只的小群活动。性胆大。多在乔木树冠层或林下灌木上跳跃、飞翔，同时发出喧闹的叫声。繁殖期 5~8 月。

食性： 杂食性，主要以小型果实、草籽等为食，也吃昆虫。

分布： 国外见于印度至中南半岛地区；中国见于西藏、四川、云南、贵州、广西、湖南、广东、福建等地。

生境： 栖息在海拔 1000~3000 m 的山地阔叶林、针阔叶混交林、次生林、林缘疏林、竹林、稀树灌丛和灌丛草地等各类生境中。

保护级别： “三有”野生动物。

居留类型： 留鸟。

鉴赏要点： 绿翅短脚鹎在孵化期结束后，不再为它们的孩子提供食物，这是为了确保幼鸟能够适应环境，并能够在自然界中独立生存。

栗背短脚鹎 *Hemixos castanonotus*（雀形目 PASSERIFORMES 鹎科 Pycnonotidae）

形态特征：额至头顶前部、眼先、颊栗色，头顶、羽冠、枕逐渐转为黑栗色或黑色。上体栗色或栗褐色，尾羽暗褐色沾棕色，两翼暗褐色。耳羽至颈侧棕色或棕栗色，颏、喉白色、其余下体白色或灰白色，胸和两胁沾灰色，腹中央和尾下覆羽白色。虹膜褐色，嘴黑褐色，脚黑色。

习性：常成对或成小群活动。性活跃吵闹。常在乔木树冠层、林下灌木、小树上活动和觅食。繁殖期 4~6 月。

食性：杂食性，主要以植物果实与种子等为食，也吃昆虫。

分布：国外见于越南东北部地区；中国见于贵州、广西、湖南、江西、福建、广东、香港、海南等地。

生境：主要栖息于低山丘陵地区的次生阔叶林、林缘灌丛、稀树草坡灌丛、地边丛林等生境中。

保护级别：“三有”野生动物。

居留类型：留鸟。

黑短脚鹎 *Hypsipetes leucocephalus*（雀形目 PASSERIFORMES 鹎科 Pycnonotidae）
俗名：黑鹎、红嘴黑鹎、山白头

形态特征：羽色有两种，一种通体黑色，另一种头、颈白色，其余通体黑色（东南亚种）。虹膜黑褐色，嘴鲜红色，脚橙红色，尾呈浅叉状。

习性：常单独或成小群活动。性活泼，叫声多变，经常仿猫叫声。繁殖期 4~7 月。

食性：杂食性，主要以无花果等植物果实和昆虫为食。

分布：国外见于非洲、印度、缅甸、泰国、老挝、越南；中国见于长江流域及其以南地区。

生境：通常生活在次生林、阔叶林、常绿阔叶林、针阔叶混交林及其林缘地带。

保护级别：“三有”野生动物。

居留类型：留鸟。

鉴赏要点：善鸣叫，鸣声粗厉而多变；常常是未见其影，先闻其声。

黄眉柳莺 *Phylloscopus inornatus*（雀形目 PASSERIFORMES 柳莺科 Phylloscopidae）

俗名：树串儿、槐串儿、树叶儿

形态特征：体型纤小，嘴细尖，眉纹淡黄绿色，头部色泽较深，在头顶的中央贯以一条若隐若现的黄绿色纵纹。自眼先有一条暗褐色的纵纹，穿过眼睛，直达枕部。上体橄榄绿色，翅具两道浅黄绿色翼斑。下体白色，胸、胁、尾下覆羽均稍沾黄绿色。尾羽黑褐色。虹膜暗褐色，跗蹠淡棕褐色。雌雄两性羽色相似。

习性：常单独或成小群活动，迁徙期间可见集大群。性活泼。营巢于树木侧枝或草丛中，巢呈球状。繁殖期 5~8 月。

食性：主要以昆虫为食。

分布：常见于亚洲东部至东北部、亚洲南部地区；中国见于东北、东部、华南地区，以及内蒙古等地。

生境：栖息于高原、山地、平原地带的森林中，包括针叶林、针阔混交林和林缘灌丛中，以及园林、田野、村落、庭院等处。

保护级别：“三有”野生动物。

居留类型：冬候鸟。

黄腰柳莺 *Phylloscopus proregulus*（雀形目 PASSERIFORMES 柳莺科 Phylloscopidae）

俗名：槐树串儿、黄尾根柳莺、黄腰丝

形态特征：成鸟上体橄榄绿色，头顶色较暗，长眉纹芽黄色，贯眼纹暗绿褐色，头侧余部暗绿黄色。翼上覆羽和飞羽暗褐色，中覆羽和大覆羽先端淡芽黄色，形成两道明显的条状斑。腰黄色，形成明显的横带。尾羽暗褐色，下体颏和胁部淡黄绿色，余部近白色。虹膜暗褐色，喙黑褐色，脚粉红色。

习性：单独或成对活动。性活泼，行动敏捷。营巢于树枝或树干缝隙间，巢呈球状。繁殖期 6~8 月。

食性：主要以昆虫为食。

分布：繁殖于中亚至东亚地区，越冬于中南半岛等地区；中国见于东部、南部地区。

生境：主要栖息于海拔 2900 m 左右的针叶林、针阔叶混交林、阔叶林中。

保护级别：“三有”野生动物。

居留类型：冬候鸟。

褐柳莺 *Phylloscopus fuscatus*（雀形目 PASSERIFORMES 柳莺科 Phylloscopidae）

俗名：达达跳、嘎叭嘴、褐色柳莺

形态特征：小型鸟类，外形紧凑而墩圆。两翼短圆，尾圆而略凹。上体灰褐色，飞羽有橄榄绿色的翼缘。嘴细小，腿细长。眉纹棕白色，贯眼纹暗褐色。颏、喉白色，其余下体乳白色，胸及两胁沾黄褐色。虹膜暗褐色或黑褐色，上嘴黑褐色，下嘴橙黄色、尖端暗褐色，脚淡褐色。

习性：常单独或成对活动。多在林下、林缘、溪边灌丛与草丛中活动。营巢于灌丛中。繁殖期 5~7 月。

食性：主要以昆虫为食。

分布：国外见于孟加拉国、不丹、柬埔寨、印度、日本、朝鲜、韩国、马来西亚等；中国除西部部分地区外，其他地区广泛分布。

生境：栖息于稀疏而开阔的阔叶林、针阔叶混交林、针叶林林缘以及溪流沿岸的疏林与灌丛中。

保护级别：“三有”野生动物。

居留类型：冬候鸟。

栗头鹟莺 *Phylloscopus castaniceps*（雀形目 PASSERIFORMES 柳莺科 Phylloscopidae）

形态特征：体形甚小的莺，雌雄羽色相似。前额、头顶至后枕棕栗色，侧冠纹黑色。上背沾灰色，下背橄榄绿色，腰和尾上覆羽亮黄色。眼圈白色，颊和颏喉至胸灰色。腹部中央黄色或白色，胁和尾下覆羽黄色，外侧一对或两对尾羽内翈白色。虹膜暗褐色，上嘴黑褐色，下嘴黄褐色，跗蹠、趾、爪粉褐色。

习性：繁殖期常单独或成对活动，非繁殖期多成 3~5 只的小群活动。行动敏捷，鸣声清脆。营巢于洞穴中。繁殖期 5~7 月。

食性：主要以昆虫为食，也吃少量种子。

分布：国外见于孟加拉国、不丹、柬埔寨、印度、老挝、马来西亚、缅甸、尼泊尔等。中国见于秦岭以南地区。

生境：栖息于海拔 2000 m 以下的阔叶林与林缘疏林灌丛中。

保护级别：“三有”野生动物。

居留类型：冬候鸟。

棕脸鹟莺 *Abroscopus albogularis*（雀形目 PASSERIFORMES 树莺科 Cettiidae）

形态特征：体形略小，色彩亮丽。雌雄羽色相似。头部棕色，顶冠橄榄绿色，侧冠纹黑色，喉部白色，具有细密的黑色纵纹。上体和尾橄榄绿色，下体白色。腰黄色，胸部有一圈黄带。虹膜褐色，上嘴色暗，下嘴色浅，脚粉褐色。

习性：繁殖期多单独或成对活动，其他季节亦成群活动。频繁在树枝间飞来飞去，多在空中飞翔捕食。筑巢于竹子洞中。繁殖期 4~6 月。

食性：主要以昆虫为食。

分布：国外见于孟加拉国、不丹、印度、老挝、缅甸、尼泊尔、泰国、越南；中国见于华中、华南、东南地区。

生境：主要栖息于海拔 2500 m 以下的阔叶林和竹林中，常在树林和竹林上层活动，也在林下灌木和林缘疏林中活动。

保护级别：“三有”野生动物。

居留类型：留鸟。

金头缝叶莺 *Phyllergates cucullatus*（雀形目 PASSERIFORMES 树莺科 Cettiidae)

俗名：金头伪缝叶莺、栗头缝叶莺

形态特征：雌雄羽色相似。前额和头顶栗色或金橙黄色，具明显的黄色眉纹。喙细长而微微弯曲，两脚瘦长而强劲有力。尾长而常上扬，额及前顶冠棕色，眼先及头侧近白色，背、两翼及尾橄榄绿色，下体白色而两胁灰色。

习性：喜群栖。常单独或结小群活动。“缝合”叶片而营巢。

食性：主要以昆虫为食。

分布：国外见于孟加拉国、不丹、柬埔寨、印度、马来西亚、缅甸、菲律宾、泰国、越南；中国见于西南地区。

生境：主要栖于海拔 1500 m 以下的低山及河谷地带的常绿阔叶林和沟谷雨林中，也栖于竹林、针叶林、林缘灌丛中和稀树草坡上等开阔地带。

保护级别：“三有”野生动物。

居留类型：留鸟。

强脚树莺 *Horornis fortipes*（雀形目 PASSERIFORMES 树莺科 Cettiidae）
俗名：棕胁树莺、山树莺、告春鸟

形态特征：雌雄两性羽色相似。自鼻孔向后延伸至枕部的细长而不明显的眉纹呈淡黄色，上体大致呈橄榄褐色，腰和尾上覆羽深棕褐色，下体偏白色而染褐黄色，虹膜褐色，嘴褐色，脚肉色或淡棕色。

习性：常单独或成对活动。性胆怯而善于藏匿，不善飞翔。营巢于灌草丛间。繁殖期4~7月。

食性：主要以昆虫为食，也吃少量种子。

分布：国外见于孟加拉国、不丹、印度、缅甸、尼泊尔、巴基斯坦、越南等；中国见于长江流域及其以南地区。

生境：主要栖息于海拔1600~2400 m的阔叶林树丛和灌丛间，在草丛或绿篱间也常见到。

保护级别：“三有”野生动物。

居留类型：留鸟。

鉴赏要点：强脚树莺的鸣声具有显著的地域差别，栖息在城市里的强脚树莺鸣声高音调能够穿透建筑物，甚至穿透交通噪声与同伴交流；而栖息在乡村的强脚树莺鸣声平缓低沉，更有利于穿透丛林传播。

鳞头树莺 *Urosphena squameiceps*（雀形目 PASSERIFORMES 树莺科 Cettiidae）
俗名：短尾莺

形态特征：体形小，尾极短。因顶冠具鳞状斑纹而得名。具明显的深色贯眼纹和浅色眉纹；上体纯褐色，下体近白色，两胁及臀皮黄色。翼宽且嘴尖细。虹膜褐色，上嘴色深，下嘴色浅，脚粉红色。

习性：常单独或成对活动于林下灌丛、草丛、地面和倒木下，很少见其到高大的树冠层活动。

食性：主要以昆虫为食。

分布：国外见于日本、韩国、缅甸、俄罗斯、泰国、越南等；中国见于东北地区，以及河北、山东、江苏、湖南、福建、广东、海南等地。

生境：主要栖息于1500 m以下的低山和山脚混交林中，偶尔出现于落叶阔叶林和针叶林中。

保护级别：“三有”野生动物。

居留类型：留鸟。

红头长尾山雀 *Aegithalos concinnus*（雀形目 PASSERIFORMES 长尾山雀科 Aegithalidae）

俗名：小老虎、红宝宝儿、红顶山雀

形态特征：头顶及颈背棕色，过眼纹宽而黑，颏及喉白色，且具黑色圆形胸兜，胸、腹白色或淡棕黄色，两胁栗色。外侧尾羽具楔形白斑。下体白色而略带栗色。虹膜黄色，嘴黑色，脚橘黄色。

习性：常十余只或数十只成群活动。性活泼，不停地在枝叶间跳跃或来回飞翔觅食。营巢于树上。繁殖期 2~6 月。

食性：主要以昆虫为食。

分布：国外见于不丹、柬埔寨、印度、缅甸、尼泊尔、巴基斯坦、泰国、越南；中国见于长江流域及其以南地区。

生境：主要栖息于山地森林和灌木林间，也见于果园、茶园等人类居住地附近的小林内。

保护级别：“三有”野生动物。

居留类型：留鸟。

鉴赏要点：红头长尾山雀眼睛因周边黑色的绒毛像“熊猫眼”，故有鸟类界“小熊猫”的美称。

栗颈凤鹛 *Staphida torqueola*（雀形目 PASSERIFORMES 绣眼鸟科 Zosteropidae）

形态特征： 中等体形的凤鹛。上体偏灰色，下体近白色，特征为栗色的脸颊延伸成后颈圈。具短羽冠，上体白色羽轴形成细小纵纹。尾深褐灰色，羽缘白色。虹膜褐色，嘴红褐色，嘴端色深，脚粉红色。和栗耳凤鹛的区别在于栗色绕颈，而栗耳凤鹛只有栗色耳羽。

习性： 活动于植被的中上层，常与其他鹛类混群，非繁殖季常集群多达上百只，鸣声独特。

食性： 以昆虫为食。

分布： 国外见于越南中北部、泰国东北部；中国南部常见。

生境： 栖息于中低海拔的山地常绿阔叶林、针阔混交林中，次生林和人工林中也常见。

居留类型： 留鸟。

暗绿绣眼鸟 *Zosterops simplex*（雀形目 PASSERIFORMES 绣眼鸟科 Zosteropidae）
俗名：日本绣眼鸟、绣眼儿、粉眼儿

形态特征：雌雄鸟羽色相似。眼周一圈白色绒状短羽极为醒目，眼先和眼圈下方有一细的黑色纹，耳羽、脸颊黄绿色。上体绿色，下体白色，喉和尾下覆羽淡黄色。尾暗褐色，外翈羽缘草绿色或黄绿色。颏、喉、上胸和颈侧鲜柠檬黄色，下胸和两胁灰白色，虹膜红褐色或橙褐色，嘴灰色，脚暗铅色或深灰色。

习性：常单独、成对或成小群活动。迁徙季节和冬季有时集群多达 50~60 只。筑巢于阔叶、针叶树及灌木上。繁殖期 4~7 月。

食性：杂食性，夏季主要以昆虫为食，冬季则主要以果实和种子等植物性食物为食。

分布：国外见于日本、朝鲜半岛、中南半岛；中国分布广泛，常见于华北至西南及其以东各省区。

生境: 主要栖息于阔叶林和以阔叶树为主的针阔叶混交林、竹林、次生林等各种类型森林中，也栖息于果园、林缘、村寨、地边高大的树上。

保护级别：“三有”野生动物。

居留类型：留鸟。

鉴赏要点：暗绿绣眼鸟很早就被人们所熟悉，许多古画中都有其形象，如宋徽宗赵佶的《梅花绣眼图》、南宋林椿的《枇杷山鸟图》、明代边景昭的《三友百禽图》。雄性暗绿绣眼鸟的鸣声婉转动听，被列为中国“四大鸣鸟”之一（另外三种是百灵、画眉和靛颏）。

斑胸钩嘴鹛 *Erythrogenys gravivox*（雀形目 PASSERIFORMES 林鹛科 Timaliidae)
俗名：锈脸钩嘴鹛

形态特征：斑胸钩嘴鹛因其喙尖长、胸部有黑色点斑而得名。无浅色眉纹，脸颊棕色，甚似锈脸钩嘴鹛但胸部具浓密的黑色点斑或纵纹。虹膜黄色至栗色，嘴灰色至褐色，脚肉褐色。

习性：多单独或集小群活动，性隐匿而怯人，常在林间短距离飞翔。

食性：杂食性，繁殖期以昆虫为主食，也食植物果实、种子。

分布：国外见于印度、缅甸；中国常见于华东、华中及华南地区。

生境：栖息于低山地区及平原的林地灌丛间。

保护级别：“三有”野生动物。

居留类型：留鸟。

鉴赏要点：斑胸钩嘴鹛喜欢和别的鸟类合作寻找食物，如与金丝雀等小鸟一起在树枝上觅食，斑胸钩嘴鹛会用尖嘴把藏有昆虫的树皮掀开，其他小鸟则去抓住树皮下的昆虫，这种协作寻食的行为在鸟类中非常罕见。

棕颈钩嘴鹛 *Pomatorhinus ruficollis*（雀形目 PASSERIFORMES 林鹛科 Timaliidae）
俗名：小钩嘴嘈鹛、小钩嘴嘈杂鸟、小钩嘴鹛

形态特征：体形略小的褐色钩嘴鹛。嘴细长而向下弯曲，具显著的白色眉纹和黑色贯眼纹，上体橄榄褐色、棕褐色或栗棕色，后颈栗红色，颏、喉白色，胸白色具栗色或黑色纵纹，其余下体橄榄褐色。虹膜褐色，上嘴黑色，下嘴黄色，脚灰色。

习性：常单独、成对或成小群活动。性活泼，胆怯畏人。主要在浓密下层林丛的地上活动。繁殖期 4~7 月。

食性：主要以昆虫为食，也吃植物果实与种子。

分布：国外见于尼泊尔、不丹、孟加拉国、缅甸、越南、老挝等；中国广泛见于秦岭以南的广大地区，亚种分化较多。

生境：栖息于低山和山脚平原地带的阔叶林、次生林、竹林、林缘灌丛中，也出没于村寨附近的茶园、果园、路旁丛林和农田地灌木丛间。

保护级别：“三有”野生动物。

居留类型：留鸟。

鉴赏要点：棕颈钩嘴鹛是中国最常见的钩嘴鹛之一，因其鸣声悦耳动听，号称林中“歌唱家”。

红头穗鹛 *Cyanoderma ruficeps*（雀形目 PASSERIFORMES 林鹛科 Timaliidae）
俗名：红顶嘈鹛、红顶穗鹛、红头小鹛

形态特征： 体形较小。顶冠橙红棕色，上体暗灰橄榄色，眼先暗黄色，喉、胸及头侧沾黄色，下体黄橄榄色。喉具黑色细纹。虹膜黑褐色，嘴浅灰色，脚粉红色。

习性： 常单独或成对活动，有时也见成小群或与棕颈钩嘴鹛等其他鸟类混群活动。在浓密下层林丛中觅食。营巢于茂密灌草丛或竹丛中。繁殖期 4~7 月。

食性： 主要以昆虫为食，偶尔也吃植物果实与种子。

分布： 国外见于亚洲东南部地区；中国见于秦岭及其以南的广大地区，包括长江流域、华南、华中、西南地区。

生境： 主要栖息于山地森林中。分布海拔从北向南逐渐增高。

保护级别： “三有”野生动物。

居留类型： 留鸟。

淡眉雀鹛 *Alcippe morrisonia*（雀形目 PASSERIFORMES 雀鹛科 Alcippeidae）

形态特征：嘴黑褐色，鼻须、嘴须均发达。额、头顶、枕、颊、耳羽、颈侧灰褐色，背、腰橄榄褐色，尾上覆羽逐渐转棕褐色。眼先灰褐色，眼周灰白色，颏、喉浅灰褐色，胸灰白色染草黄色，腹侧和两胁草黄色，腹中央灰白色，尾下覆羽棕黄色。跗蹠前缘，被盾状鳞，跗蹠趾角褐色，爪稍淡。

习性：除繁殖期成对活动外，常成小群活动，有时亦见与其他小鸟混群活动。

食性：主要以昆虫为食，也吃植物的叶、芽、果实、种子等。

分布：广泛分布于亚洲东部；中国见于长江流域及其以南各省区，往东至浙江和福建沿海地区。

生境：主要栖息于海拔 2500 m 以下的山地和山脚平原地带的森林和灌丛中。

居留类型：留鸟。

画眉 *Garrulax canorus*（雀形目 PASSERIFORMES 噪鹛科 Leiothrichidae）
俗名：画眉鸟、中国画眉

形态特征：体橄榄色，头顶至上背棕褐色，具黑色纵纹。眼白色，并沿上缘形成一窄纹，向后延伸至枕侧，形成清晰的眉纹，极为醒目。下体黄色，虹膜淡褐色，嘴偏黄色，脚黄棕色。

习性：常单独活动。性胆怯而机敏，平时多隐匿于茂密的灌木丛和杂草丛中觅食。筑巢于近地面处，巢大而浅。繁殖期 4~7 月。

食性：主要取食昆虫，兼食草籽、野果。

分布：国外见于越南、老挝等；中国东部和南部广泛分布。

生境：主要栖息于海拔 1500 m 以下的低山、丘陵和山脚平原地带的矮树丛和灌木丛中，也栖息于林缘、农田、旷野、村落、城镇附近的小树丛、竹林及庭院内。

保护级别：中国《国家重点保护野生动物名录》二级。

居留类型：留鸟。

鉴赏要点：画眉是广州市市鸟。因其眼圈白色，并向后延伸成眉纹，细长如画，故名画眉。画眉的鸣声洪亮，婉转多变，富有韵味，因此有“林中歌手”和“鹛类之王”的美称。画眉常出现在诗句中，如北宋大文豪欧阳修的《画眉鸟》：“百啭千声随意移，山花红紫树高低。始知锁向金笼听，不及林间自在啼。”

小黑领噪鹛 *Garrulax monileger*（雀形目 PASSERIFORMES　噪鹛科 Leiothrichidae）

形态特征：雌雄羽色相似。上体棕橄榄褐色，后颈有一圈宽的橙棕色领环，一条细长的白色眉纹在黑色贯眼纹衬托下极为醒目，眼先黑色，耳羽灰白色，上下缘具黑纹，下体几乎全为白色，胸部横贯一条黑色胸带。虹膜黄色，嘴深灰色，脚偏灰色。

习性：喜成群活动，常与黑领噪鹛一起活动。性喧闹，常常鸣叫吵嚷不休，甚为嘈杂。飞行迟缓、笨拙，一般不长距离飞行。多在林下地上、草丛和灌丛中活动和觅食。筑巢于林下灌丛、竹丛或小树上。繁殖期 4~6 月。

食性：主要以昆虫为食，也吃植物果实和种子。

分布：国外见于尼泊尔、不丹、孟加拉国、缅甸、泰国、老挝、越南；中国主要见于云南、湖南、福建、广东、广西、海南等地。

生境：主要栖息于海拔 1300 m 以下的低山和山脚平原地带的阔叶林、竹林和灌丛中，尤喜以栎树为主的常绿阔叶林和沟谷林。

保护级别：“三有”野生动物。

居留类型：留鸟。

黑喉噪鹛 *Pterorhinus chinensis*（雀形目 PASSERIFORMES 噪鹛科 Leiothrichidae）

俗名：山呼鸟、珊瑚鸟、山胡鸟

形态特征：头侧及喉黑色，腹部及尾下覆羽橄榄灰色。黑色前额和蓝灰色头顶之间有道白色细斑；颈侧具椭圆形白斑。内陆型亚种的脸颊白色，但海南亚种颈后及颈侧棕褐色。初级飞羽羽缘色浅。虹膜深红色，嘴黑色，脚深灰色。

习性：常成数只或 10 多只的小群活动，偶尔也见有单独和成对活动的。社群行为极强。在浓密下层林丛中活动。筑巢于灌丛中。繁殖期 3~8 月。

食性：主要以昆虫为食，也吃部分植物果实和种子。

分布：国外见于柬埔寨、老挝、缅甸、泰国、越南；中国主要见于云南、广东、广西、香港等地。

生境：主要栖息于海拔 1500 m 以下的低山和丘陵地带的常绿阔叶林、热带季雨林、竹林中，有时也见于次生林和灌木林中。

保护级别：中国《国家重点保护野生动物名录》二级。

居留类型：留鸟。

鉴赏要点：黑喉噪鹛的凝聚力很强，它们通过鸣声保持联系，群体意识强。中国古诗词中，描写黑喉噪鹛的诗句有宋朝诗人苏辙的《山胡》、苏轼的《涪州得山胡次子由韵》等。

白颊噪鹛 *Pterorhinus sannio*（雀形目 PASSERIFORMES 噪鹛科 Leiothrichidae）
俗名：白颊笑鸫、白眉笑鸫、白眉噪鹛

形态特征：前额至枕深栗褐色，眉纹白色或棕白色、细长，背、肩、腰和尾上覆羽等其余上体包括两翅表面棕褐色或橄榄褐色，颊、喉和上胸淡栗褐色或棕褐色，两胁暗棕色。虹膜黑色，嘴灰色，脚灰褐色。

习性：除繁殖期成对活动外，其他季节多成群活动。性活泼。多在森林中下层和地上活动、觅食。筑巢于灌丛中。繁殖期 3~7 月。

食性：杂食性，主要以昆虫为食，也吃植物果实和种子。

分布：国外见于印度、缅甸、老挝、越南等；中国见于长江流域及其以南地区。

生境：主要栖息于平原、丘陵的灌丛、农田和高草丛中。

保护级别：“三有”野生动物。

居留类型：留鸟。

鉴赏要点：白颊噪鹛不仅羽色漂亮还非常活泼，善于模仿人类语言，被誉为“鹦鹉小巨人”。

黑脸噪鹛 *Pterorhinus perspicillatus*(雀形目 PASSERIFORMES 噪鹛科 Leiothrichidae)
俗名：吉吊、眼镜笑鸫、黑脸画眉

形态特征：头顶至后颈褐灰色，额、眼先、眼周、颊、耳羽黑色，形成一条围绕额部至头侧的宽阔黑带，极为醒目。背暗灰褐色，至尾上覆羽转为土褐色。颏、喉灰褐色，胸、腹棕白色，尾下覆羽棕黄色。虹膜黑褐色，嘴角质褐色，脚红褐色。

习性：喜群居。常成对或结小群活动。性喧闹，不怕人。飞行姿态笨拙，不进行长距离飞行。多在地面取食。繁殖期 3~8 月。

食性：杂食性，主要以昆虫为食，也吃其他无脊椎动物、植物果实和种子等。

分布：国外见于越南；中国见于秦岭以南的广阔地区。

生境：栖息于平原和低山丘陵地带的灌丛与竹丛中，也出入于庭院、人工松柏林、农田地边和村寨附近的疏林和灌丛中。

保护级别：“三有”野生动物。

居留类型：留鸟。

鉴赏要点：黑脸噪鹛擅长鸣叫，因此得名“土画眉”，活动时常成群“喋喋不休”，甚为嘈杂，故亦有俗称“嘈杂鸫”“噪林鹛”“七姊妹”等。

黑领噪鹛 *Garrulax pectoralis*（雀形目 PASSERIFORMES 噪鹛科 Leiothrichidae)

俗名：大黑领噪鹛、领笑鹅

形态特征：头部图案醒目，上体棕褐色，后颈栗棕色，形成半领环状，眼先棕白色，白色眉纹长而显著，耳羽黑色而杂有白纹，下体几乎全为白色，胸有一黑色环带，两端多与黑色颧纹相接。虹膜深红褐色，上嘴黑色，下嘴灰色，脚蓝灰色。

习性：常成小群活动，有时亦与小黑领噪鹛或其他噪鹛混群活动。性机警。在地上觅食。筑巢于林下灌丛、竹丛或小树上。繁殖期 4~7 月。

食性：杂食性，主要以昆虫为食，也吃少量植物果实与种子。

分布：国外见于印度、尼泊尔、不丹、孟加拉国、缅甸、泰国、老挝、越南；中国见于甘肃、陕西等地。

生境：栖息于海拔 1900 m 以下的低山、丘陵和山脚平原地带的阔叶林、灌丛或竹丛中，尤喜以栎树为主的常绿阔叶林和沟谷林。

保护级别：“三有”野生动物。

居留类型：留鸟。

鉴赏要点：黑领噪鹛最显著的特征是其黑色的颈环，这也是其名字的由来；其脸部酷似京剧的花脸。常成群活动，一旦发现响动，便集体引吭高歌，叫声嘈杂，“噪鹛”的称呼由此而来。

红嘴相思鸟 *Leiothrix lutea*（雀形目 PASSERIFORMES 噪鹛科 Leiothrichidae）

俗名：相思鸟、红嘴玉、五彩相思鸟

形态特征：颜色鲜艳。雄鸟头部自额至上背为橄榄绿色，眼先和眼周淡黄色，耳羽浅灰色，颊和头侧余部亦为灰色，其余上体暗灰色，尾上覆羽泛橄榄黄绿色。叉形尾黑色，颏、喉柠檬黄色，上胸橙色形成胸带，下胸、腹和尾下覆羽淡黄色，两胁沾橄榄灰色。雌鸟与雄鸟基本相似，但雌鸟喉、眼先和胸颜色略淡，翼斑部分为橙黄色。虹膜黑色，喙赤红色，脚粉红色。

习性：除繁殖期成对或单独活动外，其他季节多成小群活动。性大胆，不甚怕人。善鸣叫。多筑巢于灌木侧枝、小树枝杈上或竹枝上。繁殖期 5~7 月。

食性：杂食性，主要以毛虫、甲虫、蚂蚁等昆虫为食，也吃植物果实、种子等。

分布：国外见于印度、巴基斯坦、尼泊尔、不丹、孟加拉国、缅甸、越南；中国见于甘肃、陕西及其以南地区。

生境：栖息于海拔 1200~2800 m 的山地常绿阔叶林、落叶混交林、针叶林、竹林中和林缘灌丛地带。

保护级别：中国《国家重点保护野生动物名录》二级、广东省重点保护陆生野生动物。

居留类型：留鸟。

鉴赏要点：红嘴相思鸟因嘴赤红色而得名，其羽色艳丽、鸣声婉转动听，是名副其实的“恩爱鸟”，如唐代诗人白居易《长恨歌》中的“在天愿作比翼鸟”描述的就是红嘴相思鸟。明末清初的文学家周亮工在《闽小记》中记载：“宿则以首互没翼中，各屈其中距立。”传说此鸟一旦丧偶，另一只则会因思念对方忧郁而死，故人们称之为“相思鸟”。

八哥 *Acridotheres cristatellus*（雀形目 PASSERIFORMES 椋鸟科 Sturnidae）

俗名：普通八哥、鸲鹆了哥、鹦鹆

形态特征：通体乌黑色，鼻须及矛状额羽呈簇状耸立于嘴基，形如冠状。头顶至后颈、头侧、颊、耳羽呈矛状，绒黑色，具蓝绿色金属光泽，其余上体缀有淡紫褐色。两翅与背同色，初级覆羽先端和初级飞羽基部白色，形成宽阔的白色翅斑，飞翔时白斑大而醒目，形似“八”字。尾下覆羽白色，具黑色横斑。下体暗灰黑色。虹膜橙黄色，嘴乳黄色，脚暗黄色。

习性：性活泼，喜结群。常在翻耕过的农地觅食，或站在牛、猪等家畜背上啄食寄生虫。能模仿其他鸟的鸣叫及简单人语。于树洞和建筑物洞穴中营巢。繁殖期 4~8 月。

食性：杂食性，主要以昆虫为食，也吃植物果实和种子等植物性食物。

分布：国外见于老挝、缅甸、越南、马来西亚、菲律宾等；中国见于四川和云南以东、河南和陕西以南地区。

生境：栖息于海拔 2000 m 以下的低山丘陵和山脚平原地带的次生阔叶林、竹林和林缘疏林中，也常见于农田、牧场、果园和村庄附近的大树、屋脊上和田间地头上。

保护级别：“三有”野生动物、广东省重点保护陆生野生动物。

居留类型：留鸟。

鉴赏要点：八哥是中国民众喜爱的观赏鸟，善于模仿人类的语言、声音和动作。在中国的传统文化中，八哥被认为是吉祥、幸福、智慧和长寿的象征。

丝光椋鸟 *Spodiopsar sericeus*（雀形目 PASSERIFORMES 椋鸟科 Sturnidae)
俗名：红嘴椋鸟、牛屎八哥、丝毛椋鸟

形态特征：雄鸟头、颈部羽毛丝光白色或棕白色，背深灰色，胸灰色。腰淡灰色，两翼和尾黑色且具蓝绿色金属光泽，初级飞羽具白斑。雌鸟头顶前部棕白色，后部暗灰色，额、颏、喉、眉纹和耳羽灰白色，上体灰褐色，下体浅灰褐色，其他同雄鸟。虹膜黑色，嘴朱红色，脚橙黄色。

习性：除繁殖期成对活动外，常成 3~5 只的小群活动，迁徙时成大群。性较胆怯，见人即飞。营巢于树洞和屋顶洞穴中，巢由枯草茎叶筑成。繁殖期 5~7 月。

食性：杂食性，主要以昆虫为食，尤其喜食地老虎、甲虫、蝗虫等农林业害虫，也吃桑葚、榕果等植物果实。

分布：国外见于日本、越南、韩国、菲律宾；中国见于长江流域及其以南地区。

生境：栖息于海拔 1000 m 以下的低山丘陵和山脚平原地区的次生林、稀树草坡、果园及农耕区附近的稀疏林间等开阔地带，也见于河谷和海岸。

保护级别：“三有”野生动物。

居留类型：留鸟。

鉴赏要点：由于丝光椋鸟喜欢以牛粪为食，其叫声与八哥相似，在民间也被称为“牛屎八哥”。

橙头地鸫 *Geokichla citrina*（雀形目 PASSERIFORMES 鸫科 Turdidae）
俗名：黑耳地鸫

形态特征：雄鸟的头、颈、胸和上腹部深橙色，背部、翅和尾蓝灰色，下腹部和尾下覆羽白色。亚成鸟似雌鸟，但背具细纹及鳞状纹。雌鸟和雄鸟大致相似，但背、翅等上体不为蓝灰色而为橄榄灰色或橄榄褐色，翅上大覆羽具白色先端，中覆羽具灰白色先端，下体橙色较雄鸟略浅淡。虹膜黑褐色，嘴黑色，脚肉黄色。

习性：常单独或成对活动。地栖性，多在地上活动和觅食。性胆怯，常躲藏在林下茂密的灌木丛中。营巢于苔藓植物或灌木中。繁殖期 5~7 月。

食性：杂食性，主要以甲虫、竹节虫等昆虫为食，也吃植物果实和种子。

分布：国外见于孟加拉国、印度、斯里兰卡、老挝、马来西亚、缅甸、尼泊尔、巴基斯坦、泰国、越南、印度尼西亚等；中国见于安徽、江西、湖北、湖南、云南、贵州、广西、广东、香港、海南等地。

生境：主要栖息于低山丘陵和山脚地带的山地阔叶林中，也见于次生林、竹林、林缘疏林和农田地边小块丛林中。

保护级别：“三有”野生动物。

居留类型：旅鸟。

白眉地鸫 *Geokichla sibirica*（雀形目 PASSERIFORMES 鸫科 Turdidae）
俗名：白眉麦鸡、西伯利亚地鸫、地穿草鸫

形态特征：雌雄异色。雄鸟通体黑色，略带蓝紫色光泽，具长而粗的显著的白色眉纹，腹部中央白色向后延伸，尾下覆羽紫黑色且羽端具粗白羽缘，飞行时显现两道白横带。雌鸟通体橄榄褐色，眉纹白色，下体布满褐色鳞状斑。虹膜褐色，嘴黑褐色，脚黄色。

习性：单独或成对活动，有时结群。性隐蔽而怯生。地栖性，主要在地上活动和觅食，善于在地上行走和奔跑。通常筑巢在林下灌木和小树枝杈上。繁殖期 5~7 月。

食性：杂食性，主要以昆虫为食，也吃蠕虫等小型无脊椎动物和少量植物果实与种子。

分布：国外见于俄罗斯、蒙古国、日本、印度、缅甸、泰国、老挝、越南、柬埔寨、马来西亚、印度尼西亚等；中国见于东部和南部地区。

生境：主要栖息于林下植物丰富的针阔叶混交林、阔叶林和针叶林中，尤喜河流等水域附近的森林。迁徙期间也出入于林缘、道旁、农田和村庄附近的丛林地带。

保护级别："三有"野生动物。

居留类型：旅鸟。

虎斑地鸫 *Zoothera aurea*（雀形目 PASSERIFORMES 鸫科 Turdidae）

俗名：虎鸫、顿鸫、虎斑山鸫

形态特征：额至整个上体为鲜亮的橄榄褐色，羽片具棕白色羽干纹、绒黑色端斑和金棕色次端斑形成的显著的鳞状斑。翼上覆羽同背部，飞羽黑褐色，羽缘淡棕黄色，翼下覆羽黑色，尖端白色，与飞羽内基部的白色形成飞翔时明显的翼下带斑。中央尾羽橄榄褐色，外侧尾羽渐为黑色，且具有白色端斑。眼大而圆，眼圈白色，头侧棕白色微具黑色端斑。下体棕白色，胸、上腹、两胁的黑色端斑和浅棕色次端斑形成显著的鳞状斑。虹膜褐色，喙黑褐色，下喙基部肉黄色，脚肉色。

习性：常单独或成对活动。性胆怯。地栖性，多在林下灌丛中或地上觅食。通常营巢于溪流两岸的树干分杈处和树桩上。繁殖期 5~8 月。

食性：杂食性，主要以昆虫和无脊椎动物为食，也吃少量植物果实、嫩叶等。

分布：广泛分布于亚洲、大洋洲；中国见于东北、东部、西部、南部地区。

生境：主要栖息于阔叶林、针阔叶混交林和针叶林中，尤以溪谷、河流两岸和地势低洼的密林中较常见，迁徙季节也出入于林缘疏林、农田及村庄附近。

保护级别：“三有”野生动物。

居留类型：冬候鸟。

鉴赏要点：《山海经》里记载：“有鸟焉，其状如雉，而文首、白翼、黄足，名曰白䳃，食之已嗌痛，可以已痸。”䳃可能就是虎斑地鸫，它们不仅叫声相似，虎斑地鸫形态也与《山海经》描述相似。

灰背鸫 *Turdus hortulorum*（雀形目 PASSERIFORMES 鸫科 Turdidae）
俗名：灰乌鸫

形态特征： 雌雄异色。雄鸟上体由头至尾为蓝灰色，颏、喉灰色或偏白色，胸和翼上覆羽蓝灰色，两胁及翼下覆羽橘黄色，腹部和尾下覆羽白色。雌鸟上体褐色较重，颏、喉及胸白色，具三角形羽干斑。虹膜褐色，嘴黄色，脚肉色。

习性： 常单独或成对活动，迁徙季节亦成小群。地栖性，善于在地上跳跃行走。通常筑巢于林下小树枝上。繁殖期 5~8 月。

食性： 杂食性，主要以昆虫为食，也吃蚯蚓等其他动物和植物果实等。

分布： 国外见于日本、朝鲜、韩国、俄罗斯、越南；中国见于东部和南部地区。

生境： 主要栖息于海拔 1500 m 以下的低山丘陵地带的茂密森林中，尤以河谷等水域附近茂密的混交林较常见，迁徙和越冬期间也见于林缘疏林草坡、果园、农田等地带。

保护级别： “三有”野生动物。

居留类型： 冬候鸟。

乌灰鸫 *Turdus cardis*（雀形目 PASSERIFORMES 鸫科 Turdidae）
俗名：黑鸫、日本乌鸫

形态特征：雌雄羽色相异。雄鸟头、颈、颏、喉及上胸黑色，眼圈橙黄色，上背、两翼、腰及尾上覆羽蓝灰色，下胸及两胁具黑色斑点，其余下体白色。雌鸟头及上体橄榄褐色，飞羽黑褐色且具棕白色羽缘，下体白色，胸浅灰色而具黑色纵纹斑，两胁染棕红色而具黑色斑点。虹膜黑褐色，喙橘黄色，脚橘黄色或肉色。

习性：常单独活动，迁徙时结小群。性甚羞怯、胆小。地栖性，多在林下地上觅食。繁殖期 5~7 月。

食性：主要以昆虫为食。

分布：国外见于日本、朝鲜、俄罗斯、越南、泰国等；中国见于河南、湖北、安徽、贵州、湖南、四川、江苏、浙江、福建、云南、广东、广西等地。

生境：主要栖息于海拔 800 m 以下的灌丛和森林中，尤以阔叶林、针阔叶混交林、人工松树林和次生林较常见。

保护级别：“三有”野生动物。

居留类型：冬候鸟。

乌鸫 *Turdus mandarinus*（雀形目 PASSERIFORMES 鸫科 Turdidae）

俗名：百舌、反舌、黑鸫

形态特征: 雌雄羽色稍有差异。雄鸟全身黑色，嘴橘黄色，眼圈黄色，羽缘具鳞状纹，脚黑色。雌鸟上体黑褐色，下体深褐色，嘴暗绿黄色至黑色，眼圈颜色略淡，喉、胸的鳞状纹更为明显。虹膜黑褐色。雌鸟嘴黑色，脚深褐色。

习性： 常结小群活动。性胆小。善仿其他鸟鸣声。营巢于乔木的枝梢上或主干分枝处等。繁殖期 4~7 月。

食性： 杂食性，主要以昆虫为食，也吃植物果实等。

分布： 广泛分布于欧亚大陆和非洲北部地区；中国除东北、西北地区外，其他地区广泛分布。

生境： 主要栖息于次生林、阔叶林、针阔叶混交林和针叶林等各种类型的森林中，也常见于林区外围、农田旁树林、城市公园、平原草地或园圃间。

保护级别： “三有”野生动物。

居留类型： 留鸟。

鉴赏要点： 乌鸫为瑞典国鸟。乌鸫是常见的鸣叫观赏鸟，鸣声嘹亮婉转，韵律多变；并能模仿其他鸟的鸣声，因此它又称“百舌”或“反舌”。《易通卦验》中“能反复其舌如百鸟之音”和宋代诗人文同的“就中百舌最无谓，满口学尽群鸟声”均为有关乌鸫的描述。

白眉鸫 *Turdus obscurus*（雀形目 PASSERIFORMES 鸫科 Turdidae）
别名：白眉长尾山雀

形态特征： 雌雄羽色略有差异。雄鸟头、颈灰褐色，具长而显著的白色眉纹，眼下有一白斑，贯眼纹黑褐色，上体余部橄榄褐色，胸和两胁橙黄色，腹和尾下覆羽白色。雌鸟头和上体橄榄褐色，颏、喉白色而具褐色条纹。胸带褐色，腹白色而两侧沾赤褐色。其余和雄鸟相似，但羽色稍暗。虹膜黑褐色，嘴黄色，嘴端黑色，脚棕黄色。

习性： 常单独或成对活动，迁徙季节亦见成群。性胆怯，常躲藏。活动于树冠层取食果实或下至地表觅食，鸣声喧闹。营巢于林下小树或灌木枝杈上。繁殖期 5~7 月。

食性： 主要以鞘翅目、鳞翅目等昆虫为食，也吃其他小型无脊椎动物和植物果实与种子。

分布： 国外见于俄罗斯、朝鲜、日本、印度、尼泊尔、孟加拉国、越南、马来西亚、菲律宾等；中国除西部少数地区外广泛分布。

生境： 主要栖息于海拔 1200 m 以上的针阔叶混交林、针叶林和杨桦林中，尤以河谷等水域附近茂密的混交林中较常见。

保护级别： “三有”野生动物。

居留类型： 冬候鸟。

鉴赏要点： 白眉鸫具有很高的“音乐天赋”，能够模仿各种声音，如手机铃声、汽车喇叭声等。

白腹鸫 *Turdus pallidus*（雀形目 PASSERIFORMES 鸫科 Turdidae）

俗名别名：蓝尾杰、蓝尾欧鸲

形态特征：雌鸟和雄鸟长相相似。雄鸟额、头顶、颈灰褐色，脸、喉灰色，眼圈黄色，无眉纹，上体余部红褐色，胸和两胁灰褐色，其余下体白色，初级飞羽和尾羽黑褐色，外侧尾羽两端白色，飞行时易见。雌鸟由额、头顶至背部红褐色，耳羽、颏和喉白色，脸部颜色较浅且多斑纹。虹膜黑褐色，上嘴黑色，下嘴黄色，脚棕黄色。

习性：除繁殖期间单独或成对活动外，其他季节多成群活动。性胆怯，善藏匿。多在森林下层灌木间或地上活动和觅食。通常营巢于混交林中溪流附近的林下小树或灌木枝杈上。繁殖期 5~7 月。

食性：主要以昆虫为食，也吃部分小型无脊椎动物和植物果实与种子。

分布：国外见于俄罗斯、朝鲜、日本；中国各地广泛分布。

生境：主要栖息于海拔 1200 m 以下的低地森林、次生植被区、林缘疏林草地、公园、果园和农田地带。

保护级别：“三有”野生动物。

居留类型：冬候鸟。

鹊鸲 *Copsychus saularis*（雀形目 PASSERIFORMES 鹟科 Muscicapidae）

俗名：猪屎渣、吱渣、信鸟

形态特征： 雌雄羽色稍有差异。雄鸟头、胸及背蓝黑色，两翼及中央尾羽黑色，部分次级飞羽外翈和次级覆羽白色，形成显著的白色翼斑。雌鸟似雄鸟，但暗灰色取代黑色。上体灰褐色，翅具白斑，下体前部亦为灰褐色，后部白色。虹膜黑褐色，嘴黑色，脚灰褐色。

习性： 常单独或成对活动。性活泼、大胆好斗，不畏人。休息时常展翅翘尾。营巢于枝桠处、树洞、墙壁及屋檐的缝隙中。繁殖期 4~7 月。

食性： 杂食性，主要以昆虫为食，也吃植物的果实与种子。

分布： 国外见于印度、巴基斯坦、尼泊尔、不丹、孟加拉国、缅甸、越南、泰国、老挝、柬埔寨、马来西亚等；中国常见于长江流域及其以南地区。

生境： 主要栖息于海拔 2000 m 以下的低山、丘陵和山脚平原地带的次生林、竹林、林缘疏林灌丛和小块丛林等开阔地方，尤其常见于村落和居民点附近的丛林、灌丛、果园、耕地、路边、城市公园和庭院的树上。

保护级别： "三有"野生动物。

居留类型： 留鸟。

鉴赏要点： 鹊鸲俗称"四喜鸟"。民间有"一喜长尾如扇张，二喜风流歌声扬，三喜姿色多娇俏，四喜临门福禄昌"之说，如此美誉足见人们对它的喜爱。雄性鹊鸲善鸣、好斗。鹊鸲是孟加拉国的国鸟。

乌鹟 *Muscicapa sibirica*（雀形目 PASSERIFORMES 鹟科 Muscicapidae）

形态特征：中小型鸟类，白色眼圈明显，上体褐色，颏和喉白色，翼较短且具不明显皮黄色斑纹，下体白色，胸和两胁有粗的纵纹，下脸颊具黑色细纹。虹膜黑褐色，嘴黑色，脚黑色。

习性：多单独活动。树栖性，常在高树树冠层的树枝间跳跃并来回飞翔捕食，很少到地面活动和觅食。繁殖期 5~7 月。

食性：杂食性，主要以昆虫为食，也吃少量植物种子。

分布：国外见于俄罗斯、蒙古国、朝鲜、日本等；中国见于东北、华北、华东、华中、华南、西南地区。

生境：栖息于海拔 800 m 以上的针阔叶混交林和针叶林中，迁徙季节和冬季亦见于山脚和平原地带的落叶和常绿阔叶林、次生林和林缘疏林灌丛中。

保护级别：“三有”野生动物。

居留类型：冬候鸟。

北灰鹟 *Muscicapa dauurica*（雀形目 PASSERIFORMES 鹟科 Muscicapidae）

俗名：亚洲褐鹟

形态特征：眼周白色，冬季眼先偏白色，喉白色，上体灰褐色，下体偏白色，胸侧及两胁灰褐色，腹部灰白色，整体颜色较均匀。虹膜黑褐色，嘴黑色，下嘴基黄色，脚黑色。

习性：常单独或成对活动，偶尔成 3~5 只的小群活动。性机警，善藏匿。非繁殖期很少鸣叫。通常营巢于森林中乔木树杈上。繁殖期 5~7 月。

食性：主要以昆虫为食，偶尔吃无脊椎动物和植物性食物。

分布：国外见于俄罗斯、斯里兰卡、菲律宾、印度尼西亚；中国见于东北、华北、华东、华中、华南、西南地区。

生境：主要栖息于落叶阔叶林、针阔叶混交林和针叶林中，尤其是山地溪流沿岸的混交林和针叶林较常见。

保护级别：“三有”野生动物。

居留类型：留鸟。

棕尾褐鹟 *Muscicapa ferruginea*（雀形目 PASSERIFORMES 鹟科 Muscicapidae）

俗名：红褐鹟、棕尾鹟

形态特征：体形较小。眼圈白色，喉和腹部白色，头灰褐色，背红褐色，腰和尾上覆羽红棕色，下体白色，胸具褐色横斑，两胁及尾下覆羽棕色。通常具白色的半颈环。三级飞羽及大覆羽羽缘棕色。虹膜褐色，嘴黑色，脚灰褐色。

习性：除繁殖季节成对活动外，其他时候多单独活动。性情温驯，胆小惧生。常停歇在开阔的枝头或电线上。营巢于树杈间、树洞中和岩隙间。繁殖期 5~7 月。

食性：主要以鞘翅目、鳞翅目、直翅目、膜翅目昆虫为食，也吃部分无脊椎动物。

分布：国外见于印度、缅甸、尼泊尔、老挝、越南、马来西亚、印度尼西亚、菲律宾等；中国见于甘肃、陕西、四川、云南、广东、海南、台湾等地。

生境：主要栖息于海拔 1700 m 以下的山地常绿和落叶阔叶林、针叶林、针阔叶林混交林和林缘灌丛地带。

保护级别：“三有”野生动物。

居留类型：旅鸟。

海南蓝仙鹟 *Cyornis hainanus*（雀形目 PASSERIFORMES　鹟科 Muscicapidae)

形态特征：雌雄异色。雄鸟上体、喉、胸、两翅、尾表面暗蓝色，前额和眼上眉斑较鲜亮。下胸和两胁蓝灰色，其余下体白色。雌鸟上体橄榄褐色，头和头侧沾灰色，腰、尾及次级飞羽沾棕色，眼先及眼圈皮黄色，下体胸部暖皮黄色渐变至腹部及尾下的白色。幼鸟似雌鸟，但翼和胸有斑点。虹膜褐色，嘴黑色，脚粉红色。

习性：常单独或成对活动，偶见 3~5 只在一起活动和觅食。频繁地穿梭于树枝和灌丛间，不时发出“踢、踢”的警戒声。繁殖期 4~6 月。

食性：主要以甲虫、蚂蚁等昆虫为食。

分布：国外见于柬埔寨、老挝、缅甸、泰国、越南等；中国主要见于云南、广西、广东、香港、海南。

生境：主要栖息于低山常绿阔叶林、次生林和林缘灌丛中。

保护级别：“三有”野生动物。

居留类型：夏候鸟。

鉴赏要点：海南蓝仙鹟叫声甜美悦耳，似鹊鸲，为独特的五音节，头三声较高，第四声降低，第五声又升高，似英语“hello mummy”的发音。

白腹蓝鹟 *Cyanoptila cyanomelana*（雀形目 PASSERIFORMES 鹟科 Muscicapidae）
俗名：白腹蓝姬鹟、白腹鹟、白腹姬鹟

形态特征： 雌雄异色。雄鸟的头、颈、背及胸近烟褐色，但两翼、尾及尾上覆羽青蓝色。头侧、颏、喉及上胸黑色，上体具钴蓝色光泽，下胸、腹及尾下的覆羽白色。外侧尾羽基部白色，深色的胸与白色腹部截然分开。雌鸟上体灰褐色，眼圈白色，腰棕色，喉中心及腹部白色，两翼及尾褐色。虹膜黑褐色，嘴及脚黑色。

习性： 多单独或成对活动，迁徙时常成大群。平时不常鸣叫。筑巢于崖壁洞穴中，或用细草、苔藓等筑巢于堤岸上。繁殖期 5~7 月。

食性： 主要以昆虫为食。

分布： 国外见于俄罗斯、朝鲜、日本、印度、缅甸、泰国、菲律宾、马来西亚；中国常见于东北、华北、华东、华中、东南、华南地区，偶见于西南地区。

生境： 主要栖息于海拔 1200 m 以上的山地阔叶林、混交林、茂密灌丛中，尤以林缘和较陡的溪流沿岸地区较常见。

保护级别： “三有”野生动物。

居留类型： 冬候鸟。

白喉短翅鸫 *Brachypteryx leucophris*（雀形目 PASSERIFORMES 鹟科 Muscicapidae）

形态特征： 雌雄异色。雄鸟上体暗蓝色，具模糊的浅色半隐蔽眉纹，眼圈皮黄色但不明显，嘴厚，喉及腹中心白色，尾较短。胸带及两胁蓝灰色。雌鸟上体棕褐色，胸及两胁沾红褐色而具鳞状纹，喉及腹部白色。亚成鸟具细纹及点斑。虹膜黑色，嘴深褐色，脚粉紫色。

习性： 常单独或成对活动，很少成群活动。性胆怯。多在林下灌丛或草丛中活动。营巢于树上或灌丛、竹丛、灌木低枝处和岩石间。繁殖期 4~7 月。

食性： 杂食性，主要以昆虫为食，也吃甲壳类等无脊椎动物。

分布： 国外见于印度、尼泊尔、不丹、缅甸、泰国、马来西亚等；中国见于云南、四川、湖南、广西、广东、福建等地。

生境： 主要栖息于海拔 3200 m 以下的湿润山区森林中，尤其在靠近溪流与河谷的林下植物发达的常绿阔叶林中较常见。

保护级别： “三有”野生动物。

居留类型： 留鸟。

蓝歌鸲 *Larvivora cyane*（雀形目 PASSERIFORMES 鹟科 Muscicapidae）
俗名：蓝尾巴根子、蓝靛杠、挂银牌

形态特征：雌雄异色。雄鸟上体和两翼覆羽蓝色，眼先、耳羽和颊黑色，飞羽黑褐色，尾羽黑褐色沾蓝色，下体由颏至尾下覆羽纯白色，两胁和腿覆羽蓝色。雌鸟上体橄榄褐色，喉及胸褐色并具皮黄色鳞状斑纹，飞羽及尾羽深褐色，亚成鸟及部分雌鸟的腰和尾上覆羽沾蓝色。虹膜黑褐色，嘴黑色，脚粉红色。

习性：单独或成对活动。性机警，活动极隐蔽，善于模仿昆虫鸣唱。地栖性，常在地上行走和跳跃，多在林下地面上和灌木上觅食。筑巢于林中地面低凹处、穴隙或草丛中。繁殖5~7月。

食性：以昆虫和蜘蛛等为主要食物。

分布：国外见于西伯利亚、朝鲜、日本、马来西亚、印度尼西亚、印度、缅甸等；中国见于东北和南方地区。

生境：主要栖息于山地针叶林、针阔叶混交林及其林缘地带，也出现于低山丘陵和山脚地带的次生林、阔叶林、疏林灌丛中。

保护级别：“三有”野生动物。

居留类型：旅鸟。

鉴赏要点：蓝歌鸲叫声动人婉转，是天生的“歌王”；在求偶季节，雄鸟会为自己的“心上人”高歌一曲。除此之外，蓝歌鸲雄鸟还善于学习其他物种的叫声，属于习鸣鸟。

红尾歌鸲 *Larvivora sibilans*（雀形目 PASSERIFORMES 鹟科 Muscicapidae）

俗名：红腿欧鸲、红腰鸥鸲、棕尾歌鸲

形态特征： 体形较小，尾部棕色。上体橄榄褐色，尾上覆羽棕褐色，尾羽栗红色。下体颏、喉、胸和两胁的羽毛皮黄白色且具褐色羽缘，形成鳞状斑。腹部和尾下覆羽污灰白色。与其他鹟类的区别为尾棕色。虹膜褐色，嘴黑色，脚粉褐色。

习性： 性活泼，善藏匿，领域性甚强。地栖性，常在林下地面上或灌丛间奔跑、跳跃，并不时将尾上举和抖动。营巢于树洞中。繁殖期 6~7 月。

食性： 主要以鞘翅目、鳞翅目、直翅目昆虫为食，也吃蜘蛛等其他无脊椎动物。

分布： 国外见于俄罗斯、日本、朝鲜、韩国、老挝、泰国；中国主要见于东部和南方地区。

生境： 主要栖息于山地针叶林、针阔叶混交林和阔叶林中，尤以林木稀疏、林下灌木较茂盛的地带较常见。

保护级别： “三有”野生动物。

居留类型： 旅鸟。

蓝喉歌鸲 *Luscinia svecica*（雀形目 PASSERIFORMES 鹟科 Muscicapidae）

俗名：蓝点颏、蓝秸芦犒鸟、蓝脖

形态特征：中等体形，色彩艳丽。特征为喉部具栗色、蓝色及黑白色图纹，眉纹近白色，外侧尾羽基部的棕色于飞行时可见。头部、上体主要为土褐色，眉纹白色，尾羽黑褐色，基部栗红色。颏部、喉部辉蓝色，下面有黑色横纹，下体白色。雌鸟酷似雄鸟，但颏部、喉部为棕白色。嘴黑色，脚肉褐色。

习性：性情隐怯，喜欢潜匿于芦苇或矮灌丛下。飞行高度甚低，一般只短距离飞翔。多取食于地面。能仿昆虫鸣声。通常营巢于灌丛中或地上凹坑内，也在树根和河岸崖壁洞穴中营巢。繁殖期 5~7 月。

食性：杂食性，主要以鳞翅目、鞘翅目昆虫为食，也吃植物种子等。

分布：国外见于欧洲、非洲地区，以及俄罗斯、阿拉斯加、伊朗、印度等；中国大部分地区可见。

生境：栖息于灌丛或芦苇丛中，不在密林和高树上栖息，常见于苔原带、森林、沼泽及荒漠边缘的各类灌丛中。

保护级别：“三有”野生动物。

居留类型：冬候鸟。

鉴赏要点：该鸟最明显的特征就是雄鸟的颏部、喉部灰蓝色，故名蓝喉歌鸲和蓝点颏。蓝喉歌鸲雄鸟的鸣声婉转动听，繁殖期常高歌求偶，被誉为鸟类的“情歌王子”。

白尾蓝地鸲 *Myiomela leucura*（雀形目 PASSERIFORMES 鹟科 Muscicapidae）
俗名：白尾地鸲、白尾蓝鸲、白尾燕鸥鸲

形态特征： 雌雄异色。雄鸟通体蓝黑色，前额钴蓝色，喉及胸深蓝色，尾羽基部白色在尾部两侧形成显著的白斑。雌鸟通体橄榄黄褐色，喉基部具偏白色横带，尾羽黑褐色，且同雄鸟一样也具有白斑。亚成鸟似雌鸟，但多具棕色纵纹。

习性： 常单独或成对活动。地栖性，性隐蔽。通常营巢于林下灌木上或倒木下，也在岩石缝隙间或洞中营巢。繁殖期 4~7 月。

食性： 杂食性，主要以昆虫为食，秋冬季节也吃少量植物果实和种子。

分布： 国外见于印度、尼泊尔、不丹、孟加拉国、缅甸、泰国、越南、柬埔寨、马来西亚等；中国见于甘肃、陕西，以及中部和南部地区。

生境： 主要栖息于海拔 3000 m 以下的常绿阔叶林和混交林中，尤其喜欢阴暗、潮湿的山溪河谷森林地带。

保护级别： “三有”野生动物。

居留类型： 留鸟。

红胁蓝尾鸲 *Tarsiger cyanurus*（雀形目 PASSERIFORMES 鹟科 Muscicapidae）
俗名：蓝点冈子、蓝尾巴根子、蓝尾杰

形态特征： 雄鸟上体灰蓝色，眉纹白色。颏、喉和胸棕白色，两胁橙棕色，腹至尾下覆羽白色。亚成鸟及雌鸟上体褐色，白色眉纹较淡，胸沾褐色，尾灰蓝色。虹膜深褐色，嘴黑色，脚黑色。

习性： 常单独或成对活动。地栖性，性甚隐匿，停歇时常上下摆尾。多在林下灌丛间活动和觅食。营巢于高出地面的土坎、突出的树根、土崖上的洞穴、树洞等隐蔽处。繁殖期 5~7 月。

食性： 杂食性，主要以昆虫为食，也吃少量植物果实与种子。

分布： 国外见于俄罗斯、朝鲜、日本、阿富汗、泰国等；中国见于东北、华北、华东、华中、华南、西南地区。

生境： 主要栖息于海拔 1000 m 以上的山地针叶林、针阔叶混交林和林缘疏林灌丛地带，尤以潮湿的冷杉、桦林下较常见，也出没于果园和村庄附近的疏林、灌丛和草坡上。

保护级别： “三有”野生动物。

居留类型： 冬候鸟。

鉴赏要点： 红胁蓝尾鸲有“鸟中蓝宝石”美称。

灰背燕尾 *Enicurus schistaceus*（雀形目 PASSERIFORMES 鹟科 Muscicapidae）
俗名：中国灰背燕尾

形态特征：成鸟额基、眼先、颊和颈侧黑色，前额至眼圈上方白色，头顶至背蓝灰色，颏至上喉黑色，下体余部纯白色。腰和尾上覆羽白色，飞羽黑色，具明显的白色翼斑。尾羽梯形，呈叉状，黑色，其基部和端部均白色，最外侧两对尾羽纯白色。虹膜黑褐色，嘴黑色，跗蹠、趾、爪等肉粉色。

习性：常单独或成对活动。多停息在水边或水中石头上，或在浅水中觅食。通常营巢于溪流沿岸的岩石缝隙间。繁殖期 4~6 月。

食性：主要以昆虫和螺类为食，尤喜水生昆虫。

分布：国外见于印度、尼泊尔、缅甸、泰国、老挝、越南、马来西亚等；中国见于湖南、福建、云南、四川、贵州、广东、广西等地。

生境：一般栖息在海拔 1600 m 以下的山林溪流间，尤其在多岩石的小溪流附近较为常见。

保护级别："三有"野生动物。

居留类型：留鸟。

白冠燕尾 *Enicurus leschenaulti*（雀形目 PASSERIFORMES 鹟科 Muscicapidae）
俗名：水鸦雀、黑背燕尾、白额燕尾

形态特征：中等体形。前额和顶冠白色，其羽有时耸起，呈小凤头状，头余部、颈背及胸黑色。腹部、下背、腰白色，两翼和尾黑色，尾叉甚长而羽端白色，两枚最外侧尾羽纯白色。通体黑白相杂。虹膜黑褐色，嘴黑色，脚偏粉色。

习性：常单独或成对活动。性胆怯。平时多停息在水边或水中石头上，或在浅水中觅食。通常营巢于水流湍急的山涧溪流沿岸的岩石缝隙间，隐蔽性好。繁殖期 4~6 月。

食性：主要以水生昆虫为食。

分布：国外见于印度、不丹、孟加拉国、缅甸、泰国、马来西亚、老挝、越南；中国主要见于陕西、甘肃及其以南地区。

生境：主要栖息于山涧溪流与河谷沿岸，尤喜水流湍急、河中多石头的林间溪流处，冬季也见于山脚平原河谷中和村庄附近的溪流岸边。

保护级别：“三有”野生动物。

居留类型：留鸟。

紫啸鸫 *Myophonus caeruleus*（雀形目 PASSERIFORMES 鹟科 Muscicapidae）
俗名：鸣鸡、乌精

形态特征：中型鸟类，雌雄体羽相似。通体深紫蓝色，各羽末端具辉亮的淡蓝色滴状斑，其中两肩、背、胸和腹的滴状斑较大，头部的滴状斑较小且密集，翼及尾沾紫色闪辉。虹膜黑褐色，嘴黄色或黑色，脚黑色。

习性：单独或成对活动。性活泼而机警。地栖性，在地面活动时跳跃式前进，停息时常将尾羽散开并上下、左右摆动。在地面上和浅水处觅食。营巢于岩隙、岩洞或树根间的洞穴中，有时也见于树杈或庙宇横梁上。繁殖于 4~7 月。

食性：主要以昆虫为食，也吃蚌和小蟹等水生动物，偶尔也吃植物的果实与种子。

分布：国外见于土耳其、巴基斯坦、印度、阿富汗、缅甸、泰国、马来西亚等；中国见于华北、华东、华中、华南、西南等地区。

生境：主要栖息于海拔 3800 m 以下的山地森林溪流沿岸，尤以阔叶林和混交林中多岩的山涧溪流沿岸较常见。

保护级别：“三有”野生动物。

居留类型：夏候鸟。

鉴赏要点：在中国古代的诗词中，紫啸鸫被称为“鸣玉”，因其叫声清脆如同玉石。

黄眉姬鹟 *Ficedula narcissina*（雀形目 PASSERIFORMES　鹟科 Muscicapidae）
俗名：黄眉鹟

形态特征： 雌雄异色。雄鸟上体黑色，腰黄色，翼具白色块斑，以黄色的眉纹为特征，喉和胸橙色，腹部白色，翅上具有白色斑块，下体多为橘黄色。雌鸟上体橄榄灰色，喉部和眼圈颜色偏白，尾褐色，下体浅褐色沾黄色。与白眉姬鹟的区别在于其腰具黄色。虹膜黑褐色，嘴蓝黑色，脚铅蓝色。

习性： 常单独或成对活动。多在树冠层枝叶间捕食昆虫，有时也到林下灌丛中活动和觅食。筑巢于树洞中。繁殖期 5~7 月。

食性： 主要以鞘翅目、鳞翅目、直翅目、膜翅目昆虫为食。

分布： 国外见于俄罗斯、印度尼西亚、日本、韩国、马来西亚、菲律宾；中国见于河北、北京、山西、山东、江苏、浙江、福建、广西、广东、海南、香港、台湾。

生境： 主要栖息于山地阔叶林、针阔叶混交林、针叶林和林缘地带，海拔 2000 m 左右。

保护级别： “三有”野生动物。

居留类型： 旅鸟。

鸲姬鹟 *Ficedula mugimaki*（雀形目 PASSERIFORMES 鹟科 Muscicapidae）

俗名：白眉赭胸、白眉紫砂来、郊鹟

形态特征： 体形较小。雄鸟通体为黑色、白色和橙色三色组合。上体黑色，眼后上方有一狭窄的白色眉纹，翼上具明显的白斑，尾基部羽缘白色。喉、胸及腹侧橘黄色，腹中心及尾下覆羽白色。雌鸟上体、腰部褐色，下体似雄鸟但色淡，尾无白色。虹膜黑褐色，嘴黑色，脚深褐色。

习性： 常单独或成对活动。多在树冠层枝叶间，有时也到林下灌木或地面上活动和觅食。繁殖期 5~7 月。

食性： 主要以鞘翅目、鳞翅目、直翅目、膜翅目昆虫为食。

分布： 国外见于印度尼西亚、朝鲜、日本、马来西亚、俄罗斯、泰国、越南等；中国从黑龙江到广东、海南等地均有分布。

生境： 主要栖息于海拔 1000 m 以下的山地和平原湿润森林中，较喜欢阔叶林和以冷杉为主的针叶林及针阔叶混交林。

保护级别： “三有”野生动物。

居留类型： 旅鸟。

红喉姬鹟 *Ficedula albicilla*（雀形目 PASSERIFORMES 鹟科 Muscicapidae）

俗名：白点颏、黑尾杰、红胸鹟、黄点颏

形态特征：雄鸟上体黄褐色，眼先和眼周白色或污白色，耳羽灰黄褐色杂有细的棕白色纵纹。尾上覆羽黑褐色或黑色，外侧尾羽基部白色。翅上覆羽和飞羽暗灰褐色，羽缘较淡。颏、喉橙红色，胸淡灰色，两胁灰色，有的微沾橙红色。雌鸟颏、喉不为橙红色而为白色或污白色，胸沾棕黄褐色，其余似雄鸟。虹膜暗褐色或褐色，嘴、脚黑色。

习性：常单独或成对活动，偶尔成小群活动。性胆怯，较少鸣叫。常从树枝上飞到空中捕食昆虫，也在林下灌丛或地面上觅食。筑巢于树洞中。繁殖期 5~7 月。

食性：主要以昆虫为食。

分布：国外见于俄罗斯、朝鲜、印度、缅甸、蒙古国、马来西亚等；中国见于东北、华北、华中、华东、华南、西南地区，在华南地区为秋冬迁徙鸟。

生境：主要栖息于低山丘陵和山脚平原地带的阔叶林、针阔混交林和针叶林中，也见于林缘灌丛、次生林、杂木林、庭院、农田附近。

保护级别：“三有”野生动物。

居留类型：冬候鸟。

鉴赏要点：红喉姬鹟只有繁殖期（春季）的成年雄鸟才具“红喉”，即橙红色的喉部。非繁殖期的成年雄鸟、雌鸟及幼鸟没有“红喉”。

北红尾鸲 *Phoenicurus auroreus*（雀形目 PASSERIFORMES　鹟科 Muscicapidae）
俗名：灰顶茶鸲、红尾溜、黄尾鸲

形态特征： 雄鸟眼先、头侧、喉、上背及两翼褐黑色，具明显而宽大的白色翼斑。头顶及颈背灰色而具银色边缘，余部体羽栗褐色，中央尾羽深黑褐色。腰和尾上覆羽及下体自胸以下为橙棕色，其余为黑色。雌鸟体褐色，眼圈及尾皮黄色，似雄鸟，但色较黯淡，白色翼斑显著，腰棕黄色，下体暗黄褐色，下腹中央近白色沾棕色。虹膜黑色，嘴黑色，脚黑色。

习性： 常单独或成对活动。行动敏捷，性胆怯，善藏匿。停歇时常不断地上下摆尾和点头。营巢于墙壁破洞内、屋檐处、树洞和岩洞内、树根下及土坎坑穴中。繁殖期 4~7 月。

食性： 杂食性，主要以昆虫为食，偶尔也吃灌木浆果。

分布： 国外见于不丹、俄罗斯、蒙古国、朝鲜、韩国、日本、印度、缅甸、泰国、老挝、越南；中国除西部部分地区外，广泛分布。

生境： 主要栖息于山地、森林、河谷、林缘和居民点附近的灌丛与低矮树丛中，也见于田地、公园中。

保护级别： “三有”野生动物。

居留类型： 冬候鸟。

红尾水鸲 *Phoenicurus fuliginosus*（雀形目 PASSERIFORMES 鹟科 Muscicapidae）
俗名：蓝石青儿、铅色水翁、铅色水鸫

形态特征：雄雌异色。雄性通体暗蓝色，翼黑褐色，尾及其上、下覆羽栗红色。雌鸟上体暗蓝灰褐色，翅黑褐色且具白色点状斑，下体白色且具淡蓝灰色羽缘，形成鳞状斑纹。臀、腰及外侧尾羽基部白色，尾余部黑色。虹膜黑褐色，嘴黑色，脚灰褐色。

习性：单独或成对活动。领域性强。停歇时尾常不断开合并上下摆动。有垂直迁徙的习性。通常营巢于河谷与溪流岸边的岩石洞隙、土坎凹陷处和树洞中。繁殖期 3~7 月。

食性：主要以昆虫为食，也吃少量植物果实和种子。

分布：国外见于印度、巴基斯坦、尼泊尔、不丹、孟加拉国、缅甸、泰国、越南；中国见于华北、华东、华中、华南、西南地区。

生境：主要栖息于平原和山地的溪流、河谷沿岸附近，也见于湖泊、水库、水塘岸边。

保护级别：“三有”野生动物。

居留类型：留鸟。

鉴赏要点：因为有引人瞩目的橙红色尾巴，而得名“红尾水鸲”。停立时，尾常展成扇状并不断地上下、左右摆动，像是在摇一把红色“桃花扇”。

东亚石䳭 *Saxicola stejnegeri*（雀形目 PASSERIFORMES 鹟科 Muscicapidae）
俗名：谷尾鸟、石栖鸟、野翁

形态特征：雄鸟头部及飞羽黑色，背深褐色，颈及翼上具粗大的白斑，腰白色，胸棕色。雌鸟色较暗而无黑色，喉部浅白色，下体皮黄色，仅翼上具白斑。

习性：单独或成对活动。栖于突出的低树枝或跃下地面捕食猎物。

食性：杂食性，主要以昆虫为食，也吃蚯蚓、蜘蛛等无脊椎动物以及少量植物果实和种子。

分布：国外见于西伯利亚东部、蒙古国东部至朝鲜半岛、日本等；中国繁殖于东北地区，越冬于长江以南地区。

生境：出没于农田、花园及次生灌丛中，也出没于林区外围、村落附近的灌丛、地面岩石或电线上。

居留类型：冬候鸟。

橙腹叶鹎 *Chloropsis hardwickii*（雀形目 PASSERIFORMES 叶鹎科 Chloropseidae）

形态特征：色彩鲜艳，雌雄异色。雄鸟上体绿色，下体浓橘黄色，两翼及尾蓝色，脸罩及胸蓝黑色，髭纹蓝色。雌鸟不似雄鸟显眼，体多绿色，髭纹浅蓝色，腹中央具一道狭窄的赭石色条带。虹膜黑褐色，嘴深灰色，脚深灰色。

习性：常单独活动，偶尔成对活动。性活泼。多在乔木冠层间活动，偶尔到林下灌木和地上活动和觅食。繁殖期 5~7 月。

食性：主要以昆虫为食，也吃部分植物果实和种子。

分布：国外见于印度、尼泊尔、不丹、孟加拉国、缅甸、越南、泰国、马来西亚等；中国见于西藏、云南、福建、广西、广东、海南、香港等地。

生境：主要栖息于海拔 2300 m 以下的低山丘陵和山脚平原地带的森林中，尤以次生阔叶林、常绿阔叶林和针阔叶混交林中较常见。

保护级别：“三有”野生动物。

居留类型：夏候鸟。

朱背啄花鸟 *Dicaeum cruentatum*（雀形目 PASSERIFORMES 啄花鸟科 Dicaeidae）

形态特征： 雌雄异色。雄鸟额、头顶、枕、后颈、背、腰直至尾上覆羽朱红色，颏、喉、胸、腹直至尾下覆羽皮黄色，两胁沾蓝灰色，飞羽暗褐色，尾羽黑褐色，羽缘蓝辉色。雌鸟上体橄榄褐色，腰和尾上覆羽朱红色，尾羽黑褐色，暴露部分具蓝色金属光泽，飞羽暗褐色，两胁沾灰褐色。虹膜暗褐色，嘴黑色或铅褐色，脚黑色。

习性： 常单独或成对活动。树栖性，有时到林下灌木上活动和觅食。营巢于较为开阔的林间空地、林缘地带、农田地边和果园中。繁殖期 4~8 月。

食性： 主要以昆虫、植物果实和种子为食，也吃花、花粉和花蜜。

分布： 国外见于印度、不丹、尼泊尔、孟加拉国、缅甸、马来西亚等；中国见于云南、福建、广西、广东、海南、香港。

生境： 主要栖息于海拔 1200 m 以下的低山丘陵林地，也见于林缘、地边、果园和村落附近的小树林与灌丛中。

保护级别： “三有”野生动物。

居留类型： 留鸟。

红胸啄花鸟 *Dicaeum ignipectus* （雀形目 PASSERIFORMES 啄花鸟科 Dicaeidae）

俗名：红心肝、火胸啄花鸟

形态特征：体型纤小。雌雄异色。雄鸟上体呈辉亮的金属蓝绿色；下体棕黄色，胸部具一朱红色块斑，一道狭窄的黑色纵纹沿腹部而下，极易与其他啄花鸟区别。雌鸟上体呈橄榄绿色，下体棕黄色。虹膜黑色，嘴褐黑色或灰色，脚黑色。

习性：常单独或成对活动，有时也同其他鸟类混群。性活泼，跳跃敏捷，不甚畏人。飞行能力较强，常边飞边鸣。繁殖期 4~7 月。

食性：主要以昆虫和植物果实为食，也吃蜘蛛等无脊椎动物和花蜜。

分布：国外见于印度、尼泊尔、不丹、孟加拉国、缅甸、马来西亚等；中国见于西藏、云南、贵州、四川、陕西、湖北、湖南、福建、广西、广东、海南、香港等地。

生境：主要栖息于海拔 1500 m 以下的低山丘陵和山脚平原地带的阔叶林、次生阔叶林中。

保护级别：“三有”野生动物。

居留类型：留鸟。

鉴赏要点：红胸啄花鸟与红花寄生（*Scurrula parasitica* L.）形成互惠共生的关系，红花寄生的果实即为红胸啄花鸟的美食。当红花寄生结出胶质果实被鸟食后，具有黏性的果实带来黏稠的排泄物，红胸啄花鸟要在树干上擦拭才能把粪便清理干净。自带肥料的寄生种子就会在树上发芽生长，这样鸟儿也为自己“种植”好了未来的口粮。

叉尾太阳鸟 *Aethopyga christinae*（雀形目 (PASSERIFORMES 花蜜鸟科 Nectariniidae）

俗名：燕尾太阳鸟

形态特征：雌雄异色。雄鸟顶冠及颈背金属绿色，上体橄榄色或近黑色，腰黄色。尾上覆羽及中央尾羽金属绿色，中央两尾羽有尖细的延长羽并呈叉状。头侧黑色而具绿色的髭纹和绛紫色的喉斑。下体余部污橄榄白色。雌鸟较小，上体橄榄色，腰黄色，尾羽不延长，下体浅绿黄色。虹膜黑褐色，嘴黑色，脚灰褐色。

习性：多单独活动，有时成对或结 20 只左右的小群活动。性情活跃不畏人。行动敏捷。常在开花树冠顶部的花丛中觅食。营巢于阔叶林中树枝上。繁殖期 4~6 月。

食性：主要以花蜜为食，也捕食昆虫。

分布：国外见于越南、老挝；中国见于江西、四川、云南、贵州、湖南、广西、广东、福建、海南、香港等地。

生境：栖于海拔 1000 m 以下低山丘陵林地中，也见于果园和村落附近的树丛中。尤喜在槲寄生丛、开花的树、灌木丛中活动。

保护级别：“三有”野生动物。

居留类型：留鸟。

鉴赏要点：叉尾太阳鸟的尾羽末端有两根尖细突出的羽毛，像燕尾一样，因此又叫燕尾太阳鸟。因其时常飞到刺桐花的枝头食蜜，而且还有空中悬飞在花枝头的本领，又被称为“中国蜂鸟”。

白腰文鸟 *Lonchura striata*（雀形目 PASSERIFORMES 梅花雀科 Estrildidae）
俗名：白丽鸟、禾谷、十姊妹

形态特征：上体红褐色或暗褐色，具白色羽干纹，腰白色，尾上覆羽栗褐色，额、嘴基、眼先、颏、喉黑褐色，颈侧和上胸栗色，具浅黄色羽干纹和羽缘，下胸和腹近白色，具皮黄色鳞状斑纹。虹膜黑褐色，嘴灰色，脚灰色。

习性：性好结群，除繁殖期间成对活动外，其他季节多成群活动。营巢于田地边和村庄附近的树上或竹丛中，也在山边、溪旁和庭院中的树上或灌丛中营巢。繁殖期较长，1 年繁殖 2~4 窝。

食性：主要以稻谷、草籽、叶、芽等植物性食物为食，也吃少量昆虫等动物性食物。

分布：国外见于印度、尼泊尔、斯里兰卡、孟加拉国、缅甸、泰国、马来西亚、印度尼西亚等；中国见于长江流域及其以南地区。

生境：栖息于海拔 1500 m 以下的低山、丘陵和山脚平原地带，尤其在溪流、苇塘、农田耕地和村落附近较常见。

保护级别：“三有”野生动物。

居留类型：留鸟。

鉴赏要点：冬季一般 10 余只同居一巢，故又有“十姐妹”美称。经过驯养的白腰文鸟能做些简单的动作，古人常训练它来占卜，又称之“算命鸟”。

斑文鸟 *Lonchura punctulata*（雀形目 PASSERIFORMES　梅花雀科 Estrildidae）

俗名：花斑衔珠鸟、麟胸文鸟、小纺织鸟

形态特征：雄雌同色。嘴粗短，黑褐色，上体褐色，颏、喉暗栗褐色。下背和尾上覆羽羽缘白色，形成白色鳞状斑，尾橄榄黄色。虹膜红褐色，嘴蓝灰色，脚灰黑色。

习性：多成群活动和觅食，具摆尾习性，且活泼好飞。营巢于靠近主干的茂密侧枝枝杈处，有时也在蕨类植物上营巢。繁殖期 3~8 月。

食性：杂食性，主要以谷粒等农作物为食，也吃野生植物种子和果实，繁殖期也吃部分昆虫。

分布：国外见于印度、尼泊尔、不丹、孟加拉国、缅甸、斯里兰卡、泰国、马来西亚、印度尼西亚等；中国见于华南、西南、东南地区。

生境：主要栖息于海拔 1500 m 以下的低山、丘陵、山脚、平原地带的农田、村落、林缘疏林及河谷地区。

保护级别：“三有”野生动物。

居留类型：留鸟。

麻雀 *Passer montanus*（雀形目 PASSERIFORMES 雀科 Passeridae）

俗名：树麻雀、霍雀、瓦雀

形态特征：上体呈棕黑色的斑杂状，因而得名麻雀。嘴短粗而强壮，呈圆锥状，嘴峰稍曲。颏、喉黑色，脸颊白色，具黑斑，头顶至后颈栗褐色，下体余部污灰白色微沾褐色。翅膀较短小，脚不能步行。虹膜黑褐色，嘴角质黑色，脚粉褐色。雌雄形色相近，可通过肩羽来辨别，成年雄鸟肩羽为褐红，成鸟雌鸟肩羽则为橄榄褐色。

习性：除繁殖期外，常成群活动。性极活泼，胆大近人。不能长距离飞行，只可跳跃而不可步行。多在人类集居的地方活动。营巢于屋檐、墙洞、树枝间、树洞和石穴中，有时会占领家燕的窝巢。繁殖期 3~8 月。

食性：杂食性，成鸟主要以植物种子、果实等为食，繁殖期间也吃大量昆虫，雏鸟主要以昆虫为食。

分布：广泛分布于欧洲、亚洲；中国全国性分布。

生境：栖息于海拔 2500 m 以下的山地、平原、丘陵、草原、沼泽和农田中，多活动于低山丘陵和山脚平原地带的各类森林、林缘疏林、灌丛和草丛中。

保护级别：“三有”野生动物。

居留类型：留鸟。

鉴赏要点：在中国文化中，麻雀象征“胸无大志、贪图享乐”，故有“燕雀安知鸿鹄之志”“万雀不及一凤凰”等说法。麻雀可以捕食大量害虫，在生态系统中有着重要地位。麻雀在觅食、防御时，会通过翅膀扇动的气流相互影响、依存，形成有序的集体飞行队伍，这种现象在生物学上称为“雀泛”。

树鹨 *Anthus hodgsoni*（雀形目 PASSERIFORMES　鹡鸰科 Motacillidae）

俗名：树鲁、木鹨、麦加蓝儿

形态特征：鸣禽。上体橄榄绿色具褐色纵纹，尤以头部较明显。眉纹乳白色或棕黄色，耳后有一白斑，喉及两胁皮黄色，胸及两胁黑色纵纹浓密。下体灰白色。虹膜黑褐色，上嘴角质褐色，下嘴偏粉色，脚粉红色。

习性：常成对或成小群活动，迁徙期间亦集成大群。性机警。多在地上奔跑觅食。筑巢于草丛或矮灌丛中。繁殖期 6~7 月。

食性：杂食性，以昆虫和植物种子等为食，也吃少量苔藓，还吃小型无脊椎动物。

分布：国外见于俄罗斯、日本、韩国、朝鲜、蒙古国及东南亚地区；中国除西部少数地区无分布外，其他地区较常见。

生境：主要栖息于海拔 1000 m 以上的阔叶林、混交林和针叶林等山地森林中。迁徙期间和冬季则多栖于低山丘陵和山脚平原草地上。

保护级别：“三有”野生动物。

居留类型：冬候鸟。

黄鹡鸰 *Motacilla tschutschensis*（雀形目 PASSERIFORMES 鹡鸰科 Motacillidae）

形态特征：中等体形，常为褐色或橄榄色；似灰鹡鸰但其背为橄榄绿色或橄榄褐色而非灰色，尾较短，飞行时无白色翼纹或黄色腰。各亚种的头顶、眉纹和喉略有差别。非繁殖期体羽褐色较重、较暗，但三四月会恢复繁殖期体羽。虹膜褐色，嘴黑色，脚褐色至黑色。

习性：多成对或成小群活动，迁徙期亦成大群活动。喜欢停栖在河边或河心石头上，尾不停地上下摆动。飞行时呈波浪式前进。通常营巢于河边岩坡草丛中、村边柴垛上等地。繁殖期5~7月。

食性：主要以昆虫为食。

分布：国外见于俄罗斯、印度、马来西亚、菲律宾等；中国主要见于新疆、广东、广西、福建、海南等地，夏候鸟及部分旅鸟主要见于东北地区和新疆，其他地区主要为旅鸟和冬候鸟。

生境：栖息于低山丘陵、平原以及海拔 4000 m 以上的高原和山地，常在林缘、林中溪流、平原河谷、村野、湖畔和居民点附近活动。

保护级别：“三有”野生动物。

居留类型：冬候鸟。

鉴赏要点：唐玄宗李隆基在《鹡鸰颂》中用“飞鸣行摇”把鹡鸰鸟飞翔时鸣叫、行走中喜欢摇动尾巴的特征描述得活灵活现。

灰鹡鸰 *Motacilla cinerea*（雀形目 PASSERIFORMES 鹡鸰科 Motacillidae）

俗名：黄腹灰鹡鸰、黄鸰、灰鸰

形态特征：体型较纤细，头部和上体灰褐色，眉纹和颊纹白色，腰黄色；冬季喉部白色，夏季繁殖期喉部黑色，下体余部黄色。两翼黑褐色，有一道白色翼斑。腿细长，后趾具长爪，适于在地面行走。虹膜褐色，嘴黑褐色，脚粉灰色。

习性：常单独或成对活动，有时也集成小群或与白鹡鸰混群活动。飞行时呈波浪式前进。常沿河边或道路行走捕食。在河岸的土坑、石缝、倒木树洞、建筑物缝隙等生境中营巢。繁殖期 5~7 月。

食性：主要以昆虫为食。

分布：广泛分布于欧洲、亚洲和非洲；中国广泛分布。

生境：主要活动于溪流、河谷、湖泊、水塘、沼泽等水域岸边或其附近的草地、农田、公园、住宅和林区居民点，常停栖于水边的岩石、电线杆、屋顶等突出物体上。

保护级别："三有"野生动物。

居留类型：冬候鸟。

鉴赏要点：诗经《棠棣》中有关于鹡鸰鸟的描述："脊令在原，兄弟急难，每有良朋，况也永叹"，诗句寄寓兄弟感情深厚。脊令即鹡鸰，灰鹡鸰为其中之一种。

白鹡鸰 *Motacilla alba*（雀形目 PASSERIFORMES 鹡鸰科 Motacillidae)
俗名：白颤儿、白面鸟、白颊鹡鸰

形态特征：小型鸣禽。体羽为黑、白、灰三色。亚种分化多，颜色依不同亚种有变化。额、头顶前部和脸白色，头顶后部、枕和后颈黑色。背、肩黑色或灰色，飞羽黑色。尾长而窄，尾羽黑色，颏、喉白色或黑色，胸黑色，下体余部白色。虹膜褐色，嘴和跗蹠黑色。

习性：多单独或成对活动，有时亦成小群活动。波浪式飞行，翅膀可在飞行中合起。停栖时，尾常上下不停地摆动。筑巢于屋顶、洞穴、石缝等处，巢呈杯状。繁殖期 4~7 月。

食性：杂食性，主要以昆虫为食，也吃蜘蛛等无脊椎动物，偶尔也吃植物种子、果实等。

分布：常见于欧亚大陆、非洲；中国广泛分布，在中北部地区为夏候鸟，华南地区为留鸟，在海南越冬。

生境：栖息于河流、湖泊、水库、水塘等水域岸边及其附近的居民点和公园里，也常见于农田、湿草原、沼泽等湿地环境。

保护级别：“三有”野生动物。

居留类型：留鸟。

鉴赏要点：白鹡鸰俗称“张飞鸟”，说法一：因头部圆而黑，前额纯白，形似戏曲舞台上张飞的脸谱而得名；说法二：白鹡鸰暴躁的脾气与张飞相仿，被捉后通常养不过一夜就会暴怒而亡，故得名“张飞鸟”。鲁迅的《从百草园到三味书屋》中描述过白鹡鸰的暴脾气：“也有白颊的‘张飞鸟’性子很躁，养不过夜的。”

栗耳鹀 *Emberiza fucata*（雀形目 PASSERIFORMES 鹀科 Emberizidae）

俗名：赤胸鹀、高粱颏儿、赤脸雀

形态特征：中型鸟类，头顶至后颈灰色，具黑色纵纹，颊部有一栗色块斑，背栗色，具黑色纵纹。颏、喉、下腹白色。胸部具黑色纵纹，其下有一栗色胸带。虹膜深褐色，上嘴黑色具灰色边缘，下嘴蓝灰色且基部粉红色，脚粉红色。

习性：繁殖期间多成对或单独活动，冬季成群活动。营巢于林缘或林间路边有稀疏灌木的沼泽草甸中。繁殖期 5~8 月。

食性：主要以昆虫为食，也吃草籽、灌木果实和部分农作物。

分布：国外见于俄罗斯、朝鲜、日本、阿富汗、印度、尼泊尔、巴基斯坦、缅甸等；中国见于东部地区以及东北至华南地区。

生境：栖息于低山、丘陵、平原、河谷、沼泽等开阔地带，尤以生长有稀疏灌木的林缘及溪边沼泽草地上较为常见。

保护级别：“三有”野生动物。

居留类型：留鸟。

鉴赏要点：栗耳鹀因其颇具辨识度的栗色耳羽而得名。下颏的纹路令栗耳鹀看起来宛如一棵高粱，故其俗称“高粱颏儿”。

白眉鹀 *Emberiza tristrami*（雀形目 PASSERIFORMES 鹀科 Emberizidae）

俗名：白三道儿、小白眉、五道眉

形态特征：中型鸟类，雄鸟头黑色，中央冠纹、眉纹和一条宽阔的颚纹均为白色，极为醒目。背、肩栗褐色具黑色纵纹，腰和尾上覆羽栗色或栗红色，颏、喉黑色。胸栗色，下体余部白色，两胁具栗色纵纹。雌鸟和雄鸟相似，头褐色，颏、喉白色，颚纹黑色。虹膜黑褐色，嘴和脚都为粉红色。

习性：单独或成对活动，在迁徙时会集成小群而从不集成大群。性寂静而怯疑，善隐蔽。多躲藏在林下灌丛和草丛中活动和觅食。营巢于林下灌丛和草丛中，尤喜溪边和沟谷附近的林下灌丛中。繁殖期 5~7 月。

食性：主要以植物种子、浆果等为食，也吃昆虫。

分布：国外见于日本、韩国、朝鲜、缅甸、俄罗斯、泰国、越南；中国从黑龙江到广东均有分布。

生境：栖息于海拔 1100 m 以下的低山针阔叶混交林、针叶林和阔叶林、林缘次生林、林间空地、溪流沿岸森林中，尤以林下植物发达的针阔叶混交林较常见。

保护级别：“三有”野生动物。

居留类型：冬候鸟。

哺乳纲 (MAMMALIA)

哺乳动物是脊椎动物亚门下哺乳纲的一类用肺呼吸空气的温血脊椎动物，因能通过乳腺分泌乳汁给幼体哺乳而得名。

主要特征：

（1）高度发达的神经系统和感官，能协调复杂的机能活动，适应多变的环境条件。

（2）具有口腔咀嚼和消化能力，提高了对能量的摄取率。

（3）高而恒定的体温 (25~37℃)，减少了对环境的依赖性。

（4）快速运动的能力。

（5）胎生 (原兽亚纲除外)，哺乳，保证了后代较高的成活率。

赤腹松鼠 *Callosciurus erythraeus*（啮齿目 RODENTIA 松鼠科 Sciuridae）

俗名：红腹松鼠

形态特征：体侧无皮膜，吻短，耳小而圆，颈粗壮，爪锐利呈钩状，尾略短于体长或同体长。背部及四肢外侧为橄榄黄色杂有黑毛，颈部为淡灰色，胸腹部及四肢内侧均为锈红色或棕红色，尾，后半部毛较长，黄黑相间，形成不明显的半环状花纹，耳廓发黄，无簇毛，眼及面颏浅灰色。

习性：昼夜活动，早晨或黄昏前活动较频繁，活动时有一定的路线。喜群居，多在树上活动。善于高攀，可在峭壁悬崖上穿行。善跳跃。坐着进食，以前足送食入口。在繁殖季节，有集中营巢的习惯。繁殖期 2 ~ 4 月。

食性：杂食性，吃栗子、桃、李、山梨、龙眼、荔枝、枇杷、葡萄等植物性食物，也吃昆虫、鸟卵、雏鸟、蜥蜴等动物性食物。

分布：原产于东南亚，国外见于缅甸、印度、泰国、越南、马来西亚等；中国见于广东、云南、贵州、海南、福建等地。

生境：栖息于热带和亚热带森林中，亦见于次生林、砍伐迹地以及丘陵台地竹林、人工林及灌木丛等植被环境。

保护级别：“三有”野生动物。

鉴赏要点：赤腹松鼠善于高攀，能在悬崖峭壁上穿行，善跳跃，跃起能远达 5 ~ 6 m，故有“飞鼠”之称。

倭花鼠 *Tamiops maritimus*（啮齿目 RODENTIA 松鼠科 Sciuridae）
俗名：倭松鼠

形态特征：体背毛短，呈橄榄灰色，腹毛淡黄色。侧面的亮条纹短而窄，呈暗褐白色，身体中间的两条亮条纹模糊，侧面一对亮条纹较清楚。眼下面的灰白色条纹不与背上其他亮条纹相连。

习性：常于清晨和黄昏活动。高度树栖性，善于攀高、跳跃。多营巢于森林密集地带的杉、松等乔木植物上。

食性：以部分植物的种子、果实或昆虫为食。

分布：国外见于越南、老挝；中国南部地区常见。

生境：在中国东南沿海地区栖于相对低海拔地区，在中国台湾省则通常生活在海拔 2000 ~ 3000 m 处。

保护级别：“三有”野生动物。

银星竹鼠 *Rhizomys pruinosus*（啮齿目 RODENTIA 鼹形鼠科 Spalacidae）
俗名：花白竹鼠、竹溜、粗毛竹鼠

形态特征：吻短，吻周灰白色，鼻、眼周、额、颊、体背和体侧均灰褐色，具较长的白色毛尖，腹毛稀疏，灰褐色。体型粗壮，呈圆筒形，头部圆钝，眼小，吻大；耳朵极短，隐于毛丛中；尾较长，接近体长的一半；四肢短，趾端有利爪。足背具褐棕色细毛，尾仅在基部具稀疏短毛，大部裸出，被毛粗糙，故俗称“粗毛竹鼠”。

习性：夜晚和白天均活动，夜间活动较频繁。营巢于洞穴中，通常在竹林下或大片芒草丛下筑洞，洞穴有夏季和冬季之分。每胎可产仔 1~4 只。

食性：植食性，以竹子、草根、草秆、甘蔗、玉米等为主要食物。

分布：国外见于亚洲东南部；中国见于长江以南地区。

生境：栖息在海拔 1000 m 以下的成片竹林或有竹类的混交林、山谷芒草丛中。

保护级别：“三有”野生动物。

野猪 *Sus scrofa*（偶蹄目 ARTIODACTYLA 猪科 Suidae）

俗名：野猪、山猪、欧亚野猪

形态特征：中型哺乳动物。整体毛色呈深褐色或黑色，顶层由较硬的刚毛组成，最底层是一层柔软的细毛。腹面较背面毛色淡。背上披有刚硬而稀疏的针毛，毛粗而稀。耳背脊鬃毛较长而硬。四肢粗短，耳小并直立，吻部突出似圆锥体，其顶端为裸露的软骨垫（也就是拱鼻），尾巴细短。雄性野猪具发达的獠牙，外露，并向上翻转。雌性欧亚野猪的犬齿较短，不露出嘴外。

习性：夜行性，有时清晨和黄昏也会出来活动觅食，常集群活动。秋末发情交配，翌年 4 月产 4~6 只仔。

食性：杂食性，主要以植物为食，如枝条、嫩叶、果实和种子等。也吃一些动物。

分布：常见于欧亚大陆、非洲北部、欧洲等；中国大部分地区均有分布，集中分布在东北地区、云南、贵州、福建、广东等地。

生境：野猪环境适应性极强，栖息环境跨越温带与热带，出没于山地、丘陵、荒漠、森林、草地和芦苇丛林中，经常进入农田耕地。

赤麂 *Muntiacus vaginalis*（偶蹄目 ARTIODACTYLA 鹿科 Cervidae）

俗名：印度麂、婆罗洲红麂、红麂

形态特征： 脸部较狭长，额部“V”形黑纹特别明显，四肢细长。雄兽有角，雌兽无角，但额顶的相应部位微有突起，并有成束的黑毛。体毛多赤褐色，下颌和咽部淡白色。胸部棕色，后腹部由淡黄色到纯白色，鼠蹊部、臀内侧及尾腹面均为白色，四肢赤褐色或棕黄色。

习性： 常出没在森林及其周边环境中。性胆小机警，听觉灵敏，晨昏活动频繁。活动范围和取食地点较固定。受惊时常发出短促宏亮的吠叫声，故又名“吠鹿”。全年繁殖。每胎产1~2 只仔。

食性： 采食各种植物的枝叶、嫩芽、花，也吃玉米、豆类和荞麦等农作物。

分布： 国外见于东南亚地区；中国主要见于南方林区。

生境： 主要栖息在山区密林、丘陵地区灌丛、低海拔阔叶林、草丛等地，在山寨村旁、田园附近亦可见。

保护级别： “三有”野生动物。

豹猫 *Prionailurus bengalensis*（食肉目 CARNIVORA 猫科 Felidae）

俗名：狸猫、铜钱猫、山狸子

形态特征：体型和家猫相仿，但更加纤细，腿更长，两眼内侧向额顶部具两条白色纵纹，体侧、背部有不规则的淡褐色斑点隐约成纵行排列。全身毛色为棕灰色，耳大而尖，耳后黑色，耳背具淡黄色斑，尾有环纹，至黑色尾尖。

习性：夜行性，晨昏活动较多。主要为地栖，善爬树和游泳。筑巢于河岸灌丛、岩石缝、大石块下或树洞中。5 月间产仔，每胎 2~3 只。

食性：杂食性，主要以鼠类、兔类、蛙类、蜥蜴、蛇类、小型鸟类、昆虫和果实等为食。

分布：国外见于阿富汗、孟加拉国、不丹、印度、印度尼西亚、韩国、朝鲜、老挝、马来西亚、俄罗斯、新加坡、泰国、越南等；中国广泛分布（除了北部和西部干旱区）。

生境：主要栖息于山地林区，生境海拔高度可达 3000 m，也见于沿河灌丛中和林缘居民点附近。

保护级别：中国《国家重点保护野生动物名录》二级。

鉴赏要点：因其身上的斑点很像中国古代的铜钱，所以豹猫在中国也被称为“钱猫”。其在民间也有“石虎”和“抓鸡虎”的俗称，豹猫能上树，会游泳，是全能型的捕食者。

斑林狸 *Prionodon pardicolor*（食肉目 CARNIVORA 灵猫科 Viverridae）
俗名：斑灵狸、东方蓑猫

形态特征：体形较小。面部狭长，吻鼻部前突，尾长接近体长，呈圆柱状。体毛为淡褐色或黄褐色，背部颜色较深，有一些圆形、卵圆形或方形的黑色大斑块；具黑色尾环 9~11 个。两性均无香腺。

习性：独居，夜行性，喜湿热。多地栖，亦上树捕食小鸟。行动快速敏捷，又叫“彪鼠”。每年 4~5 月产仔。

食性：以鼠类、蛙类、小鸟、昆虫等为食，有时到村寨附近盗食家禽。

分布：国外见于不丹、柬埔寨、印度、老挝、缅甸、尼泊尔、泰国、越南；中国见于贵州、湖南、云南、广东、广西等地。

生境：主要栖息于海拔 2700 m 以下的热带雨林、亚热带山地湿性常绿阔叶林、季风常绿阔叶林及其林缘灌丛、高草丛等生境中。

保护级别：中国《国家重点保护野生动物名录》二级。

果子狸 *Paguma larvata*（食肉目 CARNIVORA 灵猫科 Viverridae）

俗名：花面狸、白鼻心、白额灵猫

形态特征：体形中等，如家猫大小。体背棕黄色，腹部浅黄色，其余体毛为棕黑色。头中间有一白斑，从鼻端到头部后方有一条白色纵纹，眼睛大而突出，身体结实，四肢较短，各具5趾，尾巴粗长，几乎与身体等长。因头部具有标志性的“黑白面罩”，也称“花面狸”。

习性：夜行性，白天在树上的洞穴中睡觉。营家族生活，常雌、雄、老、幼同栖一穴。极善攀缘。多在树上活动和觅食。夏季产仔，每胎2~4只仔。

食性：杂食性，主要以植物的果实、根茎为食，也吃鸟类、啮齿类动物和昆虫等。

分布：国外见于缅甸、柬埔寨、印度尼西亚、日本、老挝、马来西亚等；中国见于浙江、福建、海南、广东、广西、台湾等地。

生境：主要生活在海拔200 ~ 1000 m的山林中或者靠海的丘陵地带，可见于多种森林栖息地。多利用山岗的岩洞、土穴、树洞或浓密灌丛作为隐居场所。

保护级别：“三有”野生动物。

鉴赏要点：果子狸与人类打交道已有数千年历史。唐代姜夔在《畜狸说》中记载：“玉面狸，人捕畜之，鼠皆贴服，不敢出也。”玉面狸即果子狸的别称。

鼬獾 *Melogale moschata*（食肉目 CARNIVORA 鼬科 Mustelidae）

俗名：白额狸、山獾、白猸

形态特征：鼬獾体躯粗短，鼻端尖，耳小，耳壳短圆而直立，四肢短。体背淡灰褐色或棕褐色，头、嘴和四肢外侧呈鼠灰色，下颌、腹和四肢内侧呈浅黄色或灰白色，尾尖及尾腹面为白色。两眼和两耳间有方形白斑，从头顶向后至脊背有白色纵纹，全身被毛较粗，冬季被毛变灰色。因身体既像鼬，又似獾得名。

习性：夜行性。善掘洞，穴居。行动较迟钝，成对活动。臭腺发达，受到威胁时会释放臭气。经常在山谷中、小河边活动、觅食。繁殖期 3 ~ 5 月，每胎产 2 ~ 4 只仔。

食性：杂食性，以蚯蚓、虾、蟹、昆虫、泥鳅、小鱼、蛙和鼠类等为食，亦食植物的果实和根茎。

分布：国外见于印度、老挝、缅甸、越南；中国见于贵州、云南、四川、湖南、江苏、浙江、江西、福建、广东、广西、台湾、海南等地。

生境：栖于河谷、丘陵及山地的森林、灌丛和草丛中。穴居于石洞和石缝中。

保护级别：“三有”野生动物。

鉴赏要点：鼬獾脸部神似京剧人物脸谱，故有“花脸狸”之别称。鼬獾常用臭液作为防御武器，可以熏迷、驱赶天敌。

黄腹鼬 *Mustela kathiah*（食肉目 CARNIVORA 鼬科 Mustelidae）

俗名：香菇狼、松狼、小黄狼

形态特征：体型细长。尾长而细，长度大于体长之半。掌生稀疏短毛。前、后足趾、掌垫都很发达，上体背部呈栗褐色，腹部从喉部经颈下至鼠蹊部及四肢肘部为沙黄色，且腹侧间分界线直而清晰。

习性：常在清晨和夜间活动，白天很少活动，单独或成对活动。性情凶猛，行动敏捷。会游泳。穴居，主要占用其他动物的洞为巢，有时亦居住在石堆里、墓地或树洞中。

食性：主要以鼠类为食，也吃鱼、蛙、昆虫等，偶尔亦取食浆果。

分布：国外见于不丹、印度、老挝、缅甸、尼泊尔、泰国、越南；中国见于浙江、四川、贵州、云南、安徽、湖北、广东、海南、广西、福建等地。

生境：多栖于山地森林、草丛、低山丘陵、农田及村庄附近。

保护级别：“三有”野生动物。

两栖纲（AMPHIBIA）

两栖动物由泥盆纪晚期的肉鳍鱼类演化而来，是四足类动物从水栖发展到陆栖的中间过渡类型，进化程度介于高等鱼类和羊膜动物之间。现存的两栖动物包括青蛙、蟾蜍、蝾螈、大鲵等，共计约 8000 种，在脊椎动物中仍属大类，物种多样性仅次于辐鳍鱼类和羊膜动物。

主要特征：

（1）表皮裸露，无鳞甲、毛羽等覆盖，通过皮肤分泌黏液以保持身体湿润。

（2）四足有趾而无爪。所产的卵缺乏卵壳保湿，因此产在水中。

（3）出生后在水中生活，用鳃呼吸；成年后在陆地上生活，用肺和皮肤呼吸。

（4）主要捕食小型无脊椎动物。

黑眶蟾蜍 *Duttaphrynus melanostictus*（无尾目 ANURA 蟾蜍科 Bufonidae）

俗名：癞蛤蟆、蛤巴、蟾蜍

形态特征：雄蟾比雌蟾体形稍小。头长大于头宽，吻端钝圆，吻棱明显。鼓膜大。背部多为黄棕色或灰黑色，分布有黑褐色的杂色花斑，腹部多为乳黄色，具花斑。皮肤粗糙，全身满布疣粒，背部疣粒多，中线两侧有排列成行的较大圆疣，腹部密布小疣，四肢刺疣较小。前肢较细长，后肢较粗短，仅有半蹼，指尖呈黑色。最大的形态特征就是自吻部开始有黑色骨质脊棱，一直沿眼鼻腺延伸至上眼睑并直达鼓膜上方，形成一个黑色的眼眶，因此得名。

习性：夜行性。行动缓慢，少跳跃，多匍匐爬行。非繁殖期常活动在草丛、石堆、耕地、水塘边及住宅附近。受惊吓时除耳后腺会分泌出白色毒液外，全身疣粒亦会分泌出毒液以自卫。繁殖期 7 ~ 8 月。

食性：主要以昆虫、蚯蚓等为食。

分布：国外见于东南亚地区；中国主要见于华东地区。

生境：栖息于海拔 10 ~ 1700 m 的多种生境中。

保护级别：“三有”野生动物。

长肢林蛙 *Rana longicrus*（无尾目 ANURA 蛙科 Ranidae）

俗名：长肢蛙、长脚赤蛙

形态特征： 体型细长，头长大于头宽；吻长而钝尖，吻棱较明显；鼻孔距吻端较距眼近，鼓膜明显。前肢较细弱，后肢细长。雌蛙的蹼较弱，蹼缘缺刻深，关节下瘤很发达。内蹠突大，呈长椭圆形，外蹠突弱小。皮肤光滑，背部和体侧具有不明显的疣粒，背侧褶细窄，由眼后直达胯部；颞褶明显，向后斜伸至前肢基部。股后侧疣粒较明显。腹面皮肤光滑。体背面黄褐色、赤褐色、绿褐色或棕红色，两眼之间有一不明显的黑横纹，背部和体侧有分散的黑斑点。

习性： 夜晚活动频繁，白天多隐匿于水边草丛中。冬季 12 月至翌年 1 月常在稻田、水塘、水坑或沼泽地产卵。

食性： 主要捕食腹足纲、寡毛纲、蛛形纲、甲壳纲、昆虫纲等动物。

分布： 中国特有种，见于广东、福建、江西、浙江、贵州、台湾等地。

生境： 生活在海拔 1000 m 以下的平原、山区及丘陵地区，以阔叶林和农耕地为主要栖息地。常见于稻田、池塘、水坑和水沟等水草丰盛处。

保护级别： “三有”野生动物。

黑斑侧褶蛙 *Pelophylax nigromaculatus*（无尾目 ANURA 蛙科 Ranidae）
俗名：刺雄齿突蟾、黑青蛙、黑斑蛙

形态特征： 头长大于头宽。吻部略尖，吻端钝圆，突出于下唇，鼻孔在吻眼中间，鼻间距等于眼睑宽，眼大而突出，眼间距窄，小于鼻间距及上眼睑宽。前肢短，前肢长小于体长之半。背面皮肤较粗糙，背侧褶明显，褶间有多行长短不一的纵肤棱，后背、肛周及股后下方有圆疣和痣粒。腹面光滑。体背面颜色多样，有淡绿色、黄绿色、深绿色、灰褐色等，杂有许多大小不一的黑横纹。

习性： 常于黄昏和夜间活动；白天隐匿在农作物、水生植物、草丛和泥窝中。跳跃力强，一次跳跃可达 1 m 以上。善游泳。繁殖季节为 3 月下旬至 4 月，产卵于稻田、池塘浅水处。

食性： 以昆虫纲、腹足纲、蛛形纲动物为食。

分布： 国外见于朝鲜半岛、日本、俄罗斯；中国分布较广，见于西藏、青海、甘肃、四川、新疆、广东等地。

生境： 栖息在沿海平原至海拔 2000 m 左右的丘陵、山区中，常见于水田、池塘、湖泽、水沟处。

保护级别： “三有”野生动物。

鉴赏要点： 黑斑侧褶蛙就是人们非常熟悉的“田鸡”，初夏傍晚，小河和池塘边常可听到一阵阵“咯咯”的蛙鸣声。宋朝诗人曹豳“林莺啼到无声处，青草池塘独听蛙”和赵师秀“黄梅时节家家雨，青草池塘处处蛙”描述的蛙即为黑斑侧褶蛙。

沼水蛙 *Hylarana guentheri*（无尾目 ANURA 蛙科 Ranidae）

俗名：沼蛙、水狗、贡德氏蛙

形态特征：头部扁平，头长大于头宽。纹棱明显，鼓膜明显。皮肤光滑，背侧褶显著，但不宽厚，从眼后直达胯部。指端钝圆，无横沟。趾端钝圆，有横沟，除第四趾蹼达远端关节下瘤外，外侧蹠间蹼达蹠基部，背部棕色或灰棕色，沿背侧褶下缘有黑纵纹，体侧有不规则黑斑。颌腺浅黄色，后肢背面有深色横纹。

习性：一般夜间觅食；常隐蔽在水生植物丛间、土洞或杂草中。繁殖期 5 ~ 6 月。

食性：主要捕食昆虫，也吃蚯蚓、田螺及幼蛙等。

分布：中国见于四川、云南、贵州、河南、安徽、江苏、浙江、江西、湖北、湖南、福建、台湾、广东、海南、广西、香港等地。

生境：生活在海拔 1100 m 以下的平原、丘陵和山区中。成蛙多栖息于稻田、池塘或水坑内。

保护级别：“三有”野生动物、广东省重点保护陆生野生动物。

鉴赏要点：在沼水蛙的繁殖季节，雄性沼水蛙会发出类似于小狗的“汪、汪、汪”的叫声，故其又被称为“水狗、清水蛤”。

粤琴蛙 *Nidirana guangdongensis*（无尾目 ANURA 蛙科 Ranidae）
俗名：弹琴水蛙

形态特征：头部扁平，躯体较肥硕，头长略大于头宽，吻端突出于下唇，吻棱明显，鼓膜大。前肢长小于体长之半，指细长而略扁，指端略膨大成吸盘，腹侧有沟。后肢较肥硕。皮肤较光滑。背侧褶明显。背部后端有少许扁平疣，背后部、体侧及四肢背面有小白疣。腹面光滑，肛周围有扁平疣。背面灰棕色或蓝绿色，一般有黑色斑点，背侧褶色浅。腹面灰白色，雄蛙咽喉部有深色或棕色细斑。

习性：白天隐匿于石缝里，夜间外出摄食。鸣叫时，整个咽喉部鼓胀。繁殖盛期 4~7 月。

食性：捕食蚂蝗、蜈蚣、蝗虫、蜻象、螟蛾、蝇、蚊、金龟子、叶甲虫、萤火虫、叩头虫、天牛等。

分布：中国见于重庆、云南、贵州、安徽、浙江、江西、湖南、福建、台湾、广东、广西等地。

生境：成蛙生活于海拔 30 ~ 1800 m 的山区梯田、水草地、水塘及其附近。

保护级别：“三有”野生动物。

鉴赏要点：粤琴蛙在广东石门台自然保护区首次被发现，因此得名粤琴蛙，是于 2020 年在 *Zoo Keys* 英文期刊上发表的新种。“琴蛙”并非会弹琴的青蛙，而是因其叫声类似不同的琴类乐器发出的声音而得名。

大绿臭蛙 *Odorrana graminea*（无尾目 ANURA 蛙科 Ranidae）
俗名：大绿蛙

形态特征： 雌雄体形差异大。头扁平，头长大于头宽，吻端钝圆，略突出于下唇，吻棱明显。颊部向外侧倾斜，有深凹陷，鼓膜清晰，舌长，略呈梨形，后端缺刻深。雄性具一对咽侧外声囊，声囊孔长裂形。皮肤光滑，腹面光滑，白色。生活时背面为鲜绿色，有深浅变异。头侧、体侧及四肢浅棕色，四肢背面有深棕色横纹。

习性： 常于夜间活动，成蛙白昼多隐匿于溪流岸边石下或落叶间。其皮肤分泌物具强烈的刺激性臭味。繁殖期 5 ~ 6 月。

食性： 主要以昆虫和小型动物为食。

分布： 国外见于东南亚地区；中国见于陕西、云南、贵州、安徽、浙江、江西、湖南、福建、广东、广西、海南、香港。

生境： 喜栖息于山区林间的山溪两侧，有时也在潮湿林地中活动。

保护级别： “三有”野生动物。

鉴赏要点： 大绿臭蛙平时并不会散发出臭味，但遇到危险时它们的皮肤会分泌具强烈刺激性臭味的黏液；若人类皮肤接触到这种黏液会有刺痛感。

泽陆蛙 *Fejervarya multistriata*（无尾目 ANURA 叉舌蛙科 Dicroglossidae）
俗名：狗乌田鸡、泽蛙、虾蟆仔

形态特征：体形小，头长略大于头宽，吻端钝尖，吻棱不明显。瞳孔横椭圆形，眼间距很窄，鼓膜圆形。背部皮肤粗糙，褶间、体侧及后肢背面有小疣粒，腹面皮肤光滑，后肢较粗短，背面颜色变异颇大，多为灰橄榄色或深灰色，杂有棕黑色斑纹，四肢背面各节有棕色横斑 2~4 条，体和四肢腹面为乳白色或乳黄色。

习性：昼夜活动，主要在夜间觅食。常到旱地和庭园内活动。大雨后常集群繁殖。繁殖期 4 ~ 9 月。捕食后常有排尿的习性，故有"施尿蛙"之称。

食性：主食各种昆虫。

分布：国外见于泰国、缅甸、印度、日本、菲律宾、斯里兰卡等；中国见于山东、河南、陕西、四川、云南、贵州、湖北、安徽、江苏、广东、海南、广西、香港、澳门等地。

生境：栖息于沿海平原、丘陵地区和海拔 2000 m 左右的稻田、沼泽、水沟、菜园、旱地及草丛环境。

保护级别："三有"野生动物。

鉴赏要点：泽陆蛙喜爱吃稻蝗、菜青虫、蚯蚓等，是称职的"农田卫士"。辛弃疾的名句"稻花香里说丰年，听取蛙声一片"，所描述的蛙声即为泽陆蛙叫声。

虎纹蛙 *Hoplobatrachus chinensis*（无尾目 ANURA 叉舌蛙科 Dicroglossidae）

形态特征：雌蛙体长大于雄蛙，吻端钝尖，吻棱钝。鼓膜明显。雄性有一对咽侧外声囊。体背面粗糙，无背侧褶，背部有长短不一、分布不规则的纵肤棱，其间散有小疣粒。趾间全蹼，背部黄绿色，有不规则的深色斑纹，四肢有明显横纹，看上去像虎身上的斑纹，故名虎纹蛙。

习性：常夜出活动，白昼多隐蔽于田边洞穴中或土隙间，具有冬眠习性。跳跃能力很强。雄蛙鸣声如犬吠。繁殖期 3 ~ 8 月。

食性：肉食性，成蛙捕食各种昆虫，也捕食蝌蚪、小蛙、小鱼等。

分布：国外见于南亚和东南亚各国；中国见于江苏、浙江、湖南、湖北、安徽、广东、广西、云南、四川、陕西等地。

生境：栖息于海拔 20 ~ 1120 m 的山区、平原、丘陵地带的稻田、沟渠、池塘、水库、沼泽地等有水的地方。

保护级别：中国《国家重点保护野生动物名录》二级。

鉴赏要点：虎纹蛙是稻田中个体最大的蛙之一，也是中国南方稻田中消灭害虫的主要蛙种之一。

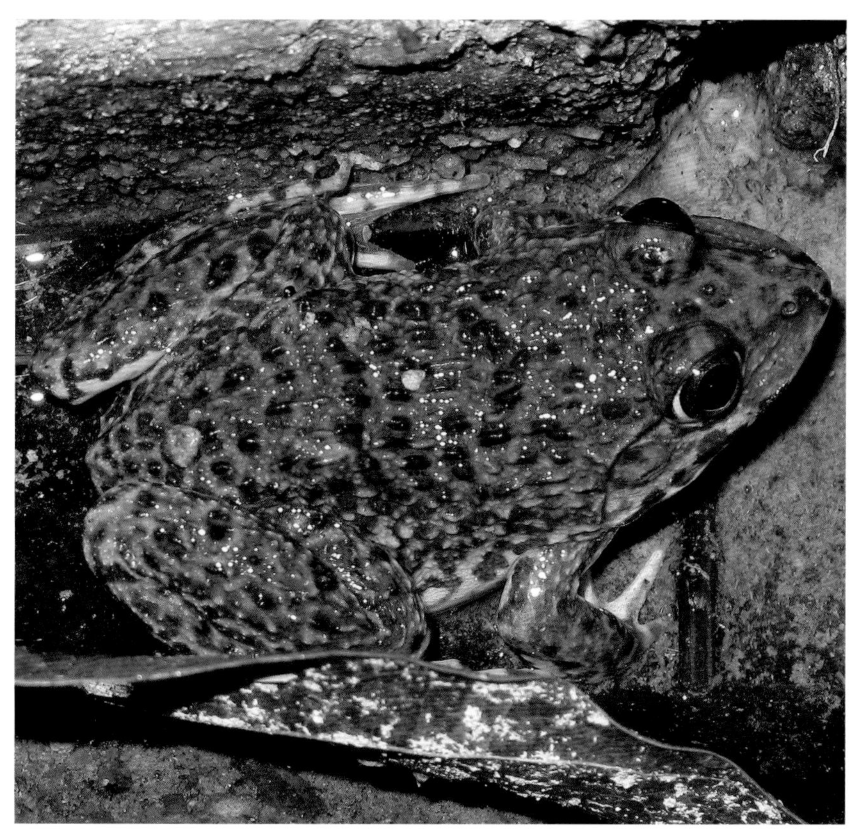

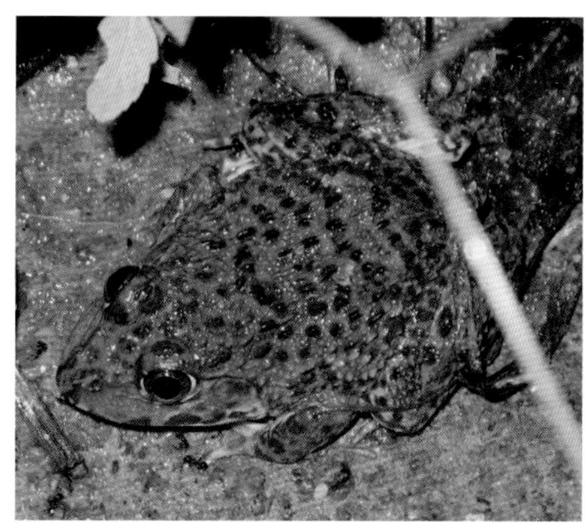

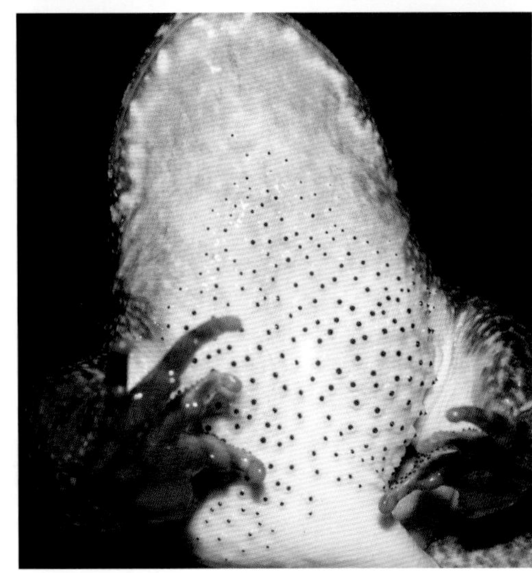

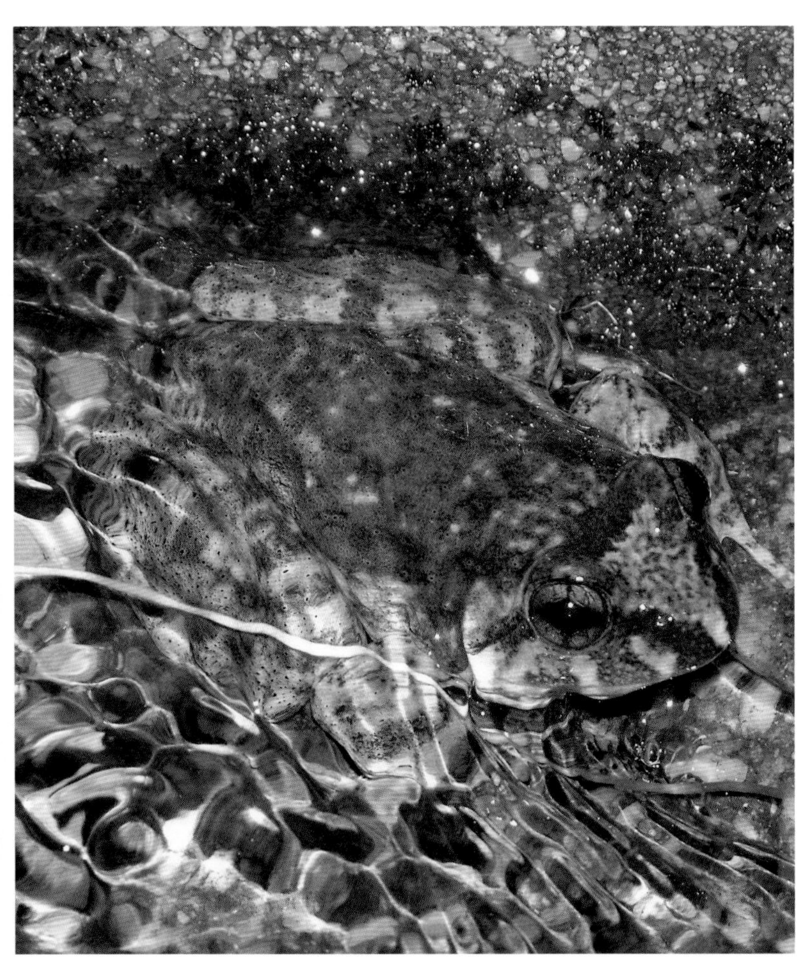

棘胸蛙 *Quasipaa spinosa*（无尾目 ANURA 叉舌蛙科 Dicroglossidae）

俗名：石鸡、棘蛙、石蛙

形态特征：体型肥硕。头宽大于头长，吻端圆，突出下唇，吻棱不明显。颊部略向外倾斜，鼻孔位于吻之间，鼓膜隐约可见。雄蛙具单咽下内声囊，前肢粗壮，皮肤粗糙，雄蛙背部有长短不一的长形疣，一般疣上有小黑刺，雌蛙背面有稀疏小圆刺疣。体背面颜色变异大，为黑棕色或棕黄色。因其胸部有密而黑的棘囊，故称棘胸蛙。

习性：白天多隐藏在石穴或土洞中，傍晚时爬出洞穴，在山溪两岸岩石或山坡的灌木草丛中觅食。繁殖期 5~9 月。

食性：捕食昆虫幼虫。

分布：国外见于越南、老挝、缅甸；中国见于湖南、湖北、安徽、江苏、浙江、福建、广西、广东、香港等地。

生境：栖息于海拔 600 ~ 1500 m 林木繁茂的山溪内、溪水旁的石缝或石洞中。

保护级别：“三有”野生动物、广东省重点保护陆生野生动物。

福建大头蛙 *Limnonectes fujianensis*（无尾目 ANURA 叉舌蛙科 Dicroglossidae）

形态特征：雄蛙成体头大，雌蛙头较雄蛙小。吻钝尖，吻棱不明显，眼较小。前肢短，掌突 3 个，不甚明显。后肢短而粗壮，内蹠突窄长，无外蹠突。背面皮肤较为粗糙，小圆疣或短褶多而明显。腹面皮肤光滑。生活时背面灰棕色或黑灰色，一般在疣粒上散有黑斑，手、足腹面浅棕色。咽部有许多棕色纹，腹部及后肢腹面一般无斑。

习性：昼夜均可见。行动较迟钝，跳跃力不强。成体常隐蔽于岸边，受惊后跃入水中。繁殖期 5 ~ 8 月。

食性：以昆虫为食。

分布：中国特有种，见于浙江、江苏、江西、福建、湖南、安徽、台湾、广东、香港。

生境：常栖于路旁、田间排水沟的小水塘内或山林中的浅水塘内。

保护级别：“三有”野生动物。

斑腿泛树蛙 *Polypedates megacephalus*（无尾目 ANURA 树蛙科 Rhacophoridae）

俗名：斑腿树蛙

形态特征：体型扁长，体色一般为淡棕色。头部扁平，头长大于或等于头宽，吻长，吻端钝尖，吻棱明显。鼓膜明显。雄蛙具内声囊。指端均有吸盘。背面皮肤光滑，有细小痣粒。身体背部为浅棕色，有数条深色纵纹，或呈“X”形深色斑。股部后方和泄殖孔周围有黄、紫、棕等颜色形成的网状斑纹。腹面乳白色。

习性：日伏夜出。行动较缓，跳跃力不强。傍晚发出“啪、啪、啪”的鸣叫声。繁殖期4～9月。

食性：以昆虫为食。

分布：国外见于印度，越南；中国广泛分布于秦岭以南地区。

生境：栖息于海拔80～2200 m的丘陵和山区中，常生活在稻田、草丛、田埂石缝及其附近的灌木丛中。

保护级别：“三有”野生动物。

粗皮姬蛙 *Microhyla butleri*（无尾目 ANURA 姬蛙科 Microhylidae）
俗名：巴氏小雨蛙

形态特征：体型略呈三角形，头小，头长小于头宽。吻端钝尖，吻棱不明显，鼓膜不明显。前肢细弱，前臂及手长小于体长之半。指端均具小吸盘，背面皮肤粗糙，满布疣粒，背中线上的疣粒较细长。股基部后方圆疣较多。腹面皮肤光滑。四肢背面也有疣粒。后肢较粗壮。生活时身体及四肢背面为灰棕色，背部中央有镶黄边的黑酱色“八”字形的大花斑。

习性：白天匿居于土穴或石块下，在雨天的时候比较活跃。繁殖季节，雄蛙发出“歪！歪！歪！”的鸣叫声。繁殖期 5 ~ 6 月。

食性：主要捕食小形鞘翅目、膜翅目昆虫等。

分布：国外见于柬埔寨、老挝、马来西亚、缅甸、新加坡、泰国、越南；中国主要见于长江以南地区。

生境：成蛙常栖息于海拔 100 ~ 1300 m 靠山坡的水田、园圃及水沟、水坑边的土隙或草丛中。

保护级别：“三有”野生动物。

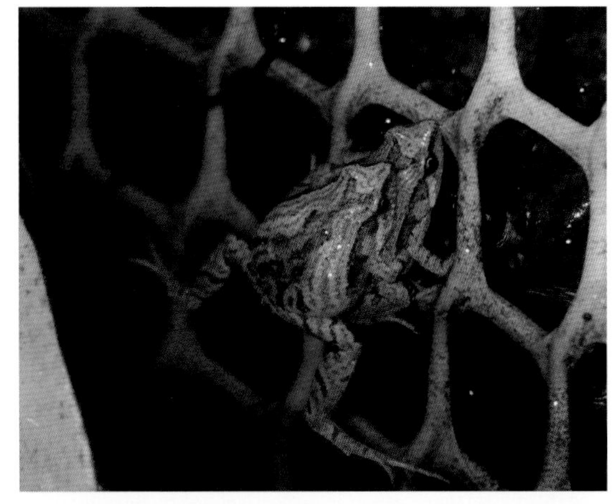

饰纹姬蛙 *Microhyla fissipes*（无尾目 ANURA 姬蛙科 Microhylidae）

俗名：小雨蛙、犁头拐、土地公蛙

形态特征：体形小，整体略呈三角形。体宽，头小，头部长宽几乎相等。吻端尖圆，突出于下唇。吻棱不明显，鼓膜不明显。雄蛙具单咽下外声囊。体背皮肤灰色或灰棕色，有些个体具灰白色脊线。体背皮肤散有小疣粒，有的个体背部中线上的小疣粒排列成行。腹面皮肤光滑。背部有 2~4 条黄色“∧”形斑，背中间有深色的“仌”字形大斑纹，多数个体有长着疣粒的中脊线。其蝌蚪较小，身体大部分呈透明。

习性：在繁殖季节，雄蛙鸣声低沉而慢，如“嘎、嘎、嘎”的鸣叫声。繁殖期 3~8 月。

食性：主要以蚁类等昆虫为食，也捕食蛛形纲等小型动物。

分布：国外见于巴基斯坦、印度、斯里兰卡、尼泊尔、缅甸、泰国等；中国主要见于长江以南地区，最北可达山西南部。

生境：栖息于海拔 1400 m 以下的平原、丘陵和山地的水田、水坑、水沟的泥窝或土穴内，或在水域附近的草丛中生活。

保护级别：“三有”野生动物。

花姬蛙 *Microhyla pulchra*（无尾目 ANURA 姬蛙科 Microhylidae）
俗名：犁头蛙、犁头另、三角蛙

形态特征：整体略呈三角形，头小，头宽约等于头长。吻端钝尖，突出于下唇，吻棱不明显，鼓膜不明显。雄蛙具单咽下外声囊。背面皮肤较光滑，散有少量小疣粒，前肢细弱，后肢粗壮，无吸盘。眼后方至体侧后部有若干宽窄不一、棕黑色和棕色重叠相套的“A”形斑纹。腹面光滑，体色鲜艳，背面皮肤粉棕色，具有若干黑棕色及浅棕色纹。四肢背面有粗细相间的棕黑色横纹，腹部黄白色。

习性：多在夜间、清晨活动觅食。跳跃能力极强。在不同的环境下，花姬蛙的体色会有一定程度的变化，以更好地隐蔽于环境中躲避天敌。繁殖期 3 ~ 7 月。

食性：成蛙主要以昆虫为食。

分布：国外见于泰国、老挝、柬埔寨、越南；中国见于浙江、江西、福建、湖北、湖南、广东、广西等地。

生境：生活在海拔 10 ~ 1350 m 的平原、丘陵和山区中。常栖息于水田、园圃及水坑附近的泥窝、洞穴或草丛中。

保护级别：“三有”野生动物。

鉴赏要点：由于体色鲜艳，花纹美丽，故名花姬蛙。花姬蛙的性格比较活跃，神经比较敏感，受到惊吓之后，会迅速跳开，可达数米远，被誉为蛙界的“跳远能手”。

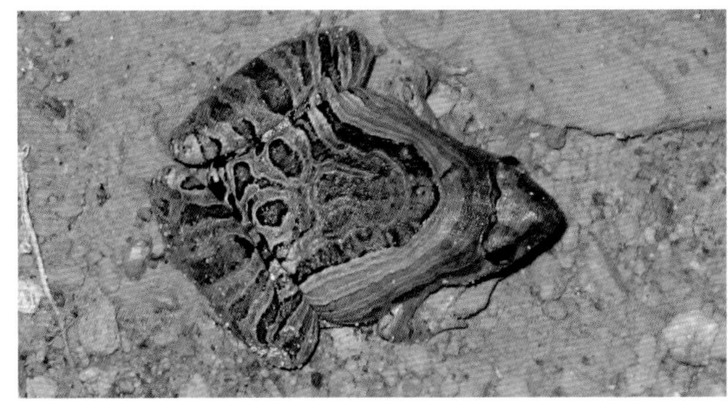

花狭口蛙 *Kaloula pulchra*（无尾目 ANURA 姬蛙科 Microhylidae）

俗名：亚洲锦蛙

形态特征：体型较胖，呈三角形。头宽大于头长。头短而宽，吻短，吻端平直，吻棱不明显，鼓膜不明显。雄蛙具单咽下外声囊。皮肤厚且光滑，体背和四肢散有圆疣。腹面土黄色，皮肤皱纹状，散有浅色疣粒。生活时背面有一条十分醒目的镶深色边的棕黄色宽带纹，略呈“n”形。后肢短而肥壮，枕部有肤沟，体背棕黑色，有“八”字形斑，散有棕黄色斑点。

习性：夜间活动，行动迟缓。雄蛙鸣叫声洪亮，响如牛吼。擅长用后肢拨土挖穴。繁殖期3～8月。

食性：成蛙捕食昆虫，主要吃蚁类。

分布：国外见于印度、斯里兰卡、尼泊尔、缅甸、马来西亚、新加坡、印度尼西亚；中国见于云南、福建、广西、海南、香港、广东等地。

生境：栖息于海拔150 m以下的村庄附近或山边的石洞、土穴、树洞里。

保护级别：“三有”野生动物。

鉴赏要点：因花狭口蛙擅长拨土挖穴，并边挖边将身体后部埋入土中，只需要几分钟即可将全身隐没在土里，仅露出吻端。除繁殖季节外不易发现它们的踪迹。

花细狭口蛙 *Kalophrynus interlineatus*（无尾目 ANURA 姬蛙科 Microhylidae）

形态特征：体型较窄长，头高而小，吻端略尖而斜向下方，吻棱明显，鼓膜隐蔽，鼓环清晰。前肢较细，后肢短。皮肤粗糙，除四肢内侧皮肤光滑外，全身密布扁平疣，颞褶明显。腹面肉黄色，有少数色浅的大圆疣，一般自口角沿胸侧各有5~7枚排列成行。背面棕色或略带灰色，体侧色深，但变异较大。四肢背面有醒目的深棕色横纹，体侧自吻端至胯部为深棕色，与背面颜色界线分明。

习性：喜夜间活动；在水塘附近的草丛中鸣叫，常见几只蛙共鸣。繁殖季节一般在3～9月。

食性：以鞘翅目、直翅目、膜翅目昆虫和蜘蛛等为食。

分布：国外见于柬埔寨、老挝、缅甸、泰国、越南；中国见于云南、广东、海南、广西等地。

生境：生活在海拔30～300 m的平原、丘陵地区，常栖息于耕作区周围的草丛中。

保护级别：“三有”野生动物。

鉴赏要点：花细狭口蛙的背上有瘤粒，受到外界刺激会分泌乳白色的蟾酥，可能导致花细狭口蛙死亡。花细狭口蛙死亡后，其背部分泌的蚁酸和毒性物质能加快尸体的腐烂，故体形小的花细狭口蛙尸体在一夜之间就会化成一滩血水。

爬行纲 (REPTILIA)

爬行纲动物统称为爬行动物、爬行类脊椎动物，属于四足总纲的羊膜动物，主要包括龟、蛇、蜥蜴、鳄及史前恐龙等物种。

主要特征：

（1）大部分爬行动物不能产生足够的热量以保持体温，因此被称为冷血动物。

（2）大部分爬行动物是卵生动物，它们的胚胎由羊膜所包裹。但也有少部分物种以胎生或卵胎生的方式繁殖。

中华鳖 *Pelodiscus sinensis*（龟鳖目 TESTUDINES 鳖科 Trionychidae）

俗名：鳖、甲鱼、元鱼

形态特征：身体扁平，呈椭圆形。背和腹有龟甲，四肢为柔软的革质皮肤，没有角质鳞片。头部粗大，前端略呈三角形。吻端延长呈管状，有较长的肉质吻突。口中无齿，脖颈细长、伸缩自如，视觉敏锐。腹甲灰白色或黄白色，平坦光滑。尾部较短，四肢扁平，后肢比前肢发达，四肢均可缩入甲壳内。

习性：白天潜伏在水中或淤泥中，夜间出来觅食。性怯懦，怕声响。能在陆地爬行，也能在水中游泳。喜晒太阳。耐饥饿。繁殖期 4～8 月。

食性：喜食鱼虾、昆虫等，也食水草、谷类等植物性食物，嗜食臭鱼、烂虾等腐食。

分布：国外见于日本、越南、韩国、俄罗斯、泰国、马来西亚等；中国除西藏和青海外，其他各省均有分布。

生境：栖息于江河、湖沼、池塘、水库等水流平缓、鱼虾繁生的淡水水域，也常出没于大山溪流中。

保护级别：“三有”野生动物。

乌龟 *Mauremys reevesii*（龟鳖目 TESTUDINES 地龟科 Geoemydidae）
俗名：中华草龟、大头乌龟、金龟

形态特征：头部、颈部的侧面有黄色的线状斑纹。上缘不呈钩状，具有坚强的甲壳，甲壳椭圆形，略扁平。背面为褐色或黑色，腹面略带黄色，均有暗褐色斑纹。四肢粗壮，略扁。雄性较小，背甲黑色，尾较长，有异臭。雌性较大，背甲棕褐色，尾较短，无异臭。

习性：半水栖，白天多居水中。性情温和，遇到敌害或受惊吓时，便把头、四肢和尾缩入壳内。变温动物，水温在10℃以下时，即静卧水底淤泥或有覆盖物的松土中冬眠。繁殖期4～10月。

食性：杂食性，喜食昆虫、蠕虫、鱼虾等动物，亦食嫩叶、浮萍、草种、稻谷等植物。

分布：国外见于日本、朝鲜、韩国；中国见于河北、江苏、浙江、安徽、福建、广东、广西、台湾等地。

生境：喜栖息于溪流、湖泊、稻田、水草丛中等。

保护级别：中国《国家重点保护野生动物名录》二级（仅野外种群）。

鉴赏要点：在中国文化中，古人将乌龟作为膜拜的对象，常用龟甲来占卜吉凶，并将占卜内容刻在龟甲和兽骨上。日常生活中，也有人把乌龟看作逢凶化吉和长寿的象征，将其誉为“四灵之一”。

中华花龟 *Mauremys sinensis*（龟鳖目 TESTUDINES 地龟科 Geoemydidae）

俗名：花龟、斑龟、珍珠龟

形态特征：头较小，头背皮肤光滑。背甲与腹甲以骨缝相连，甲桥明显，鲜明的黄色细线纹从吻端经眼和头侧，并沿头的背腹面向颈部延伸。四肢及尾亦满布黄色细线纹。因头部、颈部、四肢布满不同颜色的条纹而得名“花龟”。

习性：水栖，嗜水性强，有上岸晒背的习性。群居，性情温顺，生命力强。高温季节白天活动较少，傍晚活动频繁。变温动物，有冬眠习性。

食性：以小鱼、虾、蚯蚓、螺等为食。

分布：国外见于越南等；中国见于上海、江苏、浙江、福建、香港、广东等地。

生境：中华花龟喜栖息于水中，受惊后即潜入水底。耐干旱，无水之地也能生存。

保护级别：中国《国家重点保护野生动物名录》二级（仅野外种群）。

鉴赏要点：中华花龟在中国有着悠久的历史，被认为是吉祥、繁荣的象征。

中国壁虎 *Gekko chinensis*（有鳞目 SQUAMATA 壁虎科 Gekkonidae）
俗名：中国守宫、盐蛇、檐蛇

形态特征：全长 120 mm 左右，头体长与尾长几乎相等。身体灰黑色，头体背面覆以细鳞，背面疣鳞小而多，胸腹部鳞片较大，呈覆瓦状排列，趾间具蹼。雄性背面灰褐色，常具棕褐色横斑，尾部具环纹。生活时，体色为淡褐色，自吻部经眼至耳孔有一断续的黑褐色纵纹，头、背具黑褐色花斑，四肢横斑不清晰，尾背具横斑 10 条，体腹面色淡。

习性：夜行性。动作敏捷。常活动于山边护墙、排水沟或建筑物高墙和天花板上。5 ~ 10 月为活动盛期，春季开始繁殖，产卵于岩石缝隙或者树干上，并有多次产卵重叠一处的习惯。

食性：主要以鳞翅目、双翅目等小型昆虫为食。

分布：中国壁虎是中国特有种，见于云南、福建、广东、海南、广西等地。

生境：栖息于野外森林地区的山洞内或建筑物的缝隙内。

保护级别：“三有”野生动物。

鉴赏要点：在中国传统文化中，壁虎又名“守宫”，亦称为“天龙”，被视为降妖除魔、旺家兴财的吉祥之物。壁虎还有一个特点，就是遇到危险时，会自断尾巴，之后尾巴还能再长出来，显示出顽强的生命力。由于“壁虎”有“庇护”“避祸”“必福”的谐音，人们认为壁虎能够避邪避灾，带来好运和安宁，故常有车主在车尾贴“壁虎”装饰。

原尾蜥虎 *Hemidactylus bowringii*（有鳞目 SQUAMATA 壁虎科 Gekkonidae）

俗名：纵斑蜥虎、檐蛇、盐蛇

形态特征：体背粒鳞大小一致，趾下瓣双行，趾间蹼不发达，末端具爪。体背间有纵向断续的棕褐色斑纹，尾近圆柱形。生活时，头、躯干背面棕黄色，体背有断续的棕褐色纵向斑纹，尾部亦有棕褐色横斑。体色随环境而变化，有时体色较浅，斑纹不明显。腹面黄白色。原尾蜥虎的舌头长而宽，前端微缺舌面被绒毛状乳突。

习性：白天匿居，晚上在灯光处活动。有冬眠习性。尾易断，也易再生。繁殖期 5~8 月。

食性：以蚊、蝇、飞蛾等昆虫为主食。

分布：国外见于老挝、越南；中国见于云南、广东、广西、海南、福建、香港、台湾等地。

生境：原尾蜥虎经常在房屋内外墙壁上活动，也在住宅区的路边石壁上、水沟旁、电线杆或树枝上出现。

保护级别：“三有”野生动物。

股鳞蜓蜥 *Sphenomorphus incognitus*（有鳞目 SQUAMATA 石龙子科 Scincidae）

俗名：肥猪稼（广东）

形态特征：躯干长最大可达 8 cm，尾长可达躯干长的 1.5 倍，体背部为棕褐色，具浅色和黑色斑点。身体两侧边由吻部经眼延伸至尾基附近有一条深黑色的纵带，身体腹面为白色，后腿内侧近股部则有一由大鳞片组成的排列较不规则的区域，幼体尾巴末端常带有红色。

习性：日行性。喜于树林边缘活动，尾巴极易断落。卵生。

食性：捕食昆虫及其他小型无脊椎动物。

分布：中国特有种，见于福建、湖北、海南、广东、广西、云南、台湾等地。

生境：主要生活于杂草地区或砾石与杂草交错地区，生境海拔范围为 600 ~ 2000 m。

保护级别：“三有”野生动物。

蓝尾石龙子 *Plestiodon elegans*（有鳞目 SQUAMATA 石龙子科 Scincidae）
俗名：丽纹石龙子、五线石龙子

形态特征：小型石龙子，身体底色为黑色，从吻端到尾巴的基部缀有金色的长条纹，沿体背正中及两侧往后直达尾部，隐失于蓝色的尾端。吻钝圆，上鼻鳞 1 对，左右相接。体覆光滑圆鳞，长尾巴为鲜艳而显眼的蓝绿色或铁青色。性成熟个体体色的两性差异显著，成年雄性体长、头长和头宽显著大于成年雌性。

习性：日行性。性活泼。活动和冬眠习性与石龙子相似。卵生，每年繁殖 1 次。

食性：捕食昆虫和蚂蚁等，偶尔也吞食其他幼蜥。

分布：常见于东亚亚热带地区；中国见于河南、河北、四川、云南、贵州、湖北、安徽、江苏、浙江、江西、福建、台湾、广西、广东等地。

生境：栖息于长江以南的低山山林及山间道旁的石块下，喜在干燥而温度较高的阳坡活动。

保护级别：“三有”野生动物。

中国石龙子 *Plestiodon chinensis*（有鳞目 SQUAMATA 石龙子科 Scincidae）

俗名：四脚蛇、猪仔蛇

形态特征：体形较粗壮。成体头部较宽大，周身被有覆瓦状排列的细鳞，鳞片质薄而光滑。吻端圆凸，鼻孔 1 对，眼分列于头部两侧。舌短，稍分叉，四肢发达，尾细长，末端尖锐。体背黄铜色，有金属光泽，鳞片周围淡灰色，略现网状斑纹。体侧呈黄褐色并伴有不规则的红棕色色斑，有时另具稀疏黑色色斑。

习性：日行性。地栖型。喜欢在开阔地带晒太阳。常见在路旁、田间、土埂或石块上不动，伺机捕食。

食性：主要以蝗虫、蟋蟀等昆虫为食，亦吃蚯蚓、小蛙、蜘蛛等。

分布：中国石龙子是中国特有种。广泛见于中国各地区。

生境：栖息于低海拔的山区、平原耕作区、住宅附近及公路旁边的草丛中等环境。

保护级别：“三有”野生动物。

南滑蜥 *Scincella reevesii*（有鳞目 SQUAMATA 石龙子科 Scincidae）

形态特征： 体形小，吻端钝圆，背面浅棕色，散有黑色斑点，其在背中线较密，缀连成一纵行。体侧黑色纵纹自鼻孔经耳孔上方至体侧，其间有背鳞 8 行，两侧鳞各半行，黑纵纹上缘平齐，下缘有缺凹，黑色纵纹下方棕红色杂以黑色斑点，腹面白色。

习性： 日行性。陆栖。喜欢在气温较高的时段活动。卵胎生，春季繁殖。

食性： 主要捕食昆虫，如蟋蟀和甲虫的幼虫等。

分布： 中国见于青海、陕西、甘肃、宁夏、山西、云南、四川、广西、海南、浙江、福建、香港、广东等地。

生境： 栖息在海拔 3000 m 左右的向阳山坡上，白天多活动于灌丛或草丛间，亦隐匿于乱石下。

保护级别： “三有”野生动物。

中国棱蜥 *Tropidophorus sinicus*（有鳞目 SQUAMATA 石龙子科 Scincidae）

俗名：棱蜥

形态特征：小型蜥蜴，总体长 12 ~ 16 cm，尾长与体长大致相同。头、背至尾部无鬣与棘突，背部中段具棱、大棱鳞共 6 纵列。腹部较光滑，纹路纵向延伸，呈细长方形。头部与背部一般为棕或棕灰色，体侧为棕黑色，腹部与背部颜色相近，眼部至腰部有黑色的斑纹，四肢有醒目的亮白色条纹。

习性：日行性。半水栖。性胆小。行动迟钝。

食性：捕食昆虫、鱼虾等。

分布：国外见于越南；中国见于广西、广东、香港等地。

生境：栖息于山溪流水旁的浅水处、碎石下、杂草丛中，生境海拔范围为 450 ~ 1350 m。

保护级别：“三有”野生动物。

中国光蜥 *Ateuchosaurus chinensis*（有鳞目 SQUAMATA 石龙子科 Scincidae）

形态特征：吻短，前端钝圆；鼻大而圆。眼小，眼睑发达，瞳孔圆形。耳孔内陷，鼓膜裸露。额鳞长，中部两侧内凹。无颈鳞。腹面鳞片光滑无棱，其大小与背鳞相似。四肢短小，掌跖部有粒鳞。背面黑褐色，每个鳞片上均有小黑点，在体背断续成行。颈部黑斑明显，体侧淡黄色至红灰色，鳞片前缘黑斑明显，腹面浅棕色。

习性：日行性。视觉和嗅觉敏锐。活动于树下落叶间、住宅周围竹林下或草丛间。卵生。

食性：以昆虫、蜘蛛等小型节肢动物为食。

分布：国外见于越南；国内见于福建、江西、广东、海南、广西、贵州等地。

生境：栖息于海拔 225 ~ 500 m 的山区、树下落叶间、住宅周围竹林下或草丛间。

保护级别：“三有”野生动物。

鉴赏要点：中国光蜥面对威胁时拥有出色的自卫能力。它们会利用自身的体色和形状模仿周围环境，以躲避捕食者。此外，中国光蜥还可以通过剥落自身皮肤逃避捕食者的追捕。

南草蜥 *Takydromus sexlineatus*（有鳞目 SQUAMATA 蜥蜴科 Lacertidae）

俗名：草蜥

形态特征：体形圆长、细弱但不平扁，尾长为头体长的 3 倍以上。头长为头宽的 2 倍。吻端稍尖窄，头鳞比较粗糙，表面凹凸不平。额鼻鳞较大。尾鳞强棱，具锐突。体背橄榄棕色或棕红色，尾部稍浅，头侧至肩部齐平地分为上半部分棕褐色、下半部分米黄色，体侧有镶黑边的绿色圆斑。雄性背面有 2 条边缘齐整的窄绿纵纹。尾部具深色斑。

习性：多在早晨、晚上活动。行动敏捷。受惊扰时，尾易自断，断后又能再生。卵生。每年 5 ~ 6 月产卵。

食性：常以蚱蜢等昆虫为食。

分布：见于中国云南、贵州、湖南、福建、广东、香港、海南、广西。

生境：栖息于海拔 700 ~ 1200 m 的山地林下或草地上。常见于干燥空旷的地方。

保护级别：“三有”野生动物。

中国树蜥 *Calotes wangi*（有鳞目 SQUAMATA 鬣蜥科 Agamidae）
俗名：马鬃蛇、鸡冠蛇、雷公马

形态特征：体型近三角柱形。头四角锥形，眼四周有辐射状黑纹，吻钝圆，吻棱明显，鼓膜裸露。鼓膜上方有2枚棘状鳞。自头后至尾基部正脊鬣鳞，越向后鬣鳞越小，至尾基部之后消失。生活时易变色，背面浅棕色，杂有深棕色斑块，尾部有深浅相间的环纹。

习性：日行性。行动迅速，常攀援上树。有冬眠习性。夏天晚上倒悬在树枝上休息或隐蔽于洞穴中。4 月下旬到 9 月为产卵期。

食性：主要以小型昆虫为食，也吃蜘蛛、雏鸟等。

分布：国外见于越南等；中国见于云南、广东、广西、香港、海南等地。

生境：栖息于热带、亚热带地区的林下、山坡草丛、河边、路旁、住宅附近的灌木林中或树上。

保护级别：“三有”野生动物。

鉴赏要点：中国树蜥的体色会随着空气温度、湿度、光照等因素的变化而变化，是“变色树蜥”的一个新种。

钩盲蛇 *Indotyphlops braminus*（有鳞目 SQUAMATA 盲蛇科 Typhlopidae）

俗名：入耳蛇、地鳝、铁丝蛇

形态特征：体形小，身体呈圆筒状，似蚯蚓，是中国已知蛇类中最小的一种，全长 84 ~ 164 mm。头小，半圆形，头颈无区分。吻端钝圆，头颈不分，眼睛呈黑色小点，覆于鳞下。体棕褐色，背部较深，腹部较浅，具金属光泽。吻部及尾尖略白，口小，位于吻端腹面。周身覆满大小一致的圆形鳞片，尾极短且钝，在最末端有一细小而坚硬的尖鳞。

毒性：无毒。

习性：穴居生活。白天隐匿于泥土隙缝、砖石下，晚上或阴雨天到地面活动。行动敏捷。单性繁殖。卵生。

食性：以蚯蚓和各种昆虫的卵及蛹为食。

分布：国外见于马来西亚、菲律宾、印度尼西亚、伊朗、沙特阿拉伯等；中国见于浙江、福建、台湾、江西、湖北、广东等地。

生境：生活于海拔 300 ~ 800 m 的山区，常栖于枯木、落叶堆、石下、岩缝中，或潜伏于园林土里、住宅区的砖缝泥土中、缸钵下等潮湿阴暗处。

保护级别：“三有”野生动物。

鉴赏要点：由于长年生活在沙质或土壤环境中，钩盲蛇的眼睛退化失明，又名“盲蛇”。钩盲蛇善于掘洞，常被误认为是蚯蚓。曾有人观察到一只黑框蟾蜍吞了一条钩盲蛇，几分钟后钩盲蛇完全从黑框蟾蜍体内钻出，且保持着活力。其原因是钩盲蛇早已适应了地下的缺氧环境，体表细密的鳞片能帮它抵御蟾蜍消化液的侵蚀。

蟒蛇 *Python bivittatus*（有鳞目 SQUAMATA 蟒科 Pythonidae）

俗名：南蛇、琴蛇、缅甸蟒

形态特征：成年体长 3 ~ 5 m，头颈部背面有一暗棕色矛形斑，头侧有一条黑色纵斑，从鼻孔开始，经眼前鳞、眼斜向口角延伸。眼下亦有一黑纹向后斜向唇缘延伸，下唇鳞略有黑褐斑，头部腹面黄白色，体背棕褐色、灰褐色或黄色，体背及两侧均有大块镶黑边云豹状斑纹。

毒性：无毒。

习性：夜行性。善攀援，具有很强的缠绕性和攻击性。嗜昏睡。可长期生活在水中。喜热怕冷，有冬眠习性。雌蟒有护卵习性。繁殖期 3~8 月。

食性：杂食性，可食山羊、鹿、麂、猪等动物，常食鼠类、鸟类、爬行类及两栖类动物。

分布：国外见于柬埔寨、印度尼西亚、老挝、缅甸、泰国、越南等；中国见于福建、广东、广西、海南、香港、云南。

生境：栖居于热带、亚热带低山丛林中，常在常绿阔叶林、常绿阔叶藤本灌木丛以及良好的洞穴中休息及隐蔽。垂直栖息海拔 10 ~ 500 m。

保护级别：中国《国家重点保护野生动物名录》二级。

鉴赏要点：古代官员的礼服上绣蟒，称为“蟒袍”，又名花衣、蟒服。蟒袍上的图案为蟒，非龙，因其爪上四趾，而皇家之龙五趾。

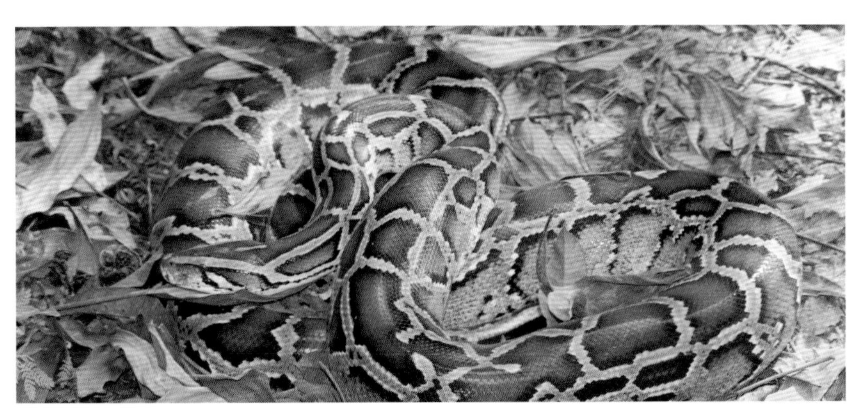

横纹钝头蛇 *Pareas margaritophorus*（有鳞目 SQUAMATA 钝头蛇科 Pareatidae）

形态特征：小型蛇类，全长约 390 mm。体略侧扁，头较大，长椭圆形。吻钝而圆，眼大，瞳孔直立椭圆形。体背蓝褐色，有黑白各半鳞形成的不规则细横纹，腹面色浅，散有褐斑点。

毒性：无毒。

习性：夜间活动，行动较缓慢，性温顺。卵生。

食性：捕食蜗牛等陆生软体动物。

分布：国外见于泰国、缅甸、印度等；中国见于广东、海南、贵州。

生境：栖息于低海拔平原地区或山区，生境海拔上限为 800 m。

保护级别：“三有”野生动物。

鉴赏要点：为取食蜗牛，横纹钝头蛇须用上颚的牙齿牢牢地咬紧又圆又滑的蜗牛硬壳，再利用左右不相连的下颌，左右交替地把蜗牛肉从壳中拉出。由于大部分蜗牛壳都是“右旋”的，所以横纹钝头蛇下颌右侧的牙齿数量比左侧多，形成它们“惯用右侧”的咀嚼特点。有趣的是，为了应对横纹钝头蛇这一天敌，部分蜗牛已经演化出“左旋”结构。有研究发现横纹钝头蛇在捕食“左旋”壳蜗牛时，所需要的时间更长，成功率也更低。

白唇竹叶青蛇 *Trimeresurus albolabris*（有鳞目 SQUAMATA 蝰科 Viperidae）

俗名：竹叶青、青竹蛇、青竹标

形态特征：头呈三角形，顶部为青绿色，瞳孔垂直，呈红色，上唇鳞黄白色。颈部明显，体背为草绿色，有时有黑斑纹，且两黑斑纹之间有小白点。最外侧的背鳞有白斑，自颈部至尾部连接起来形成一条白色纵线。腹面为淡黄绿色，腹鳞的后缘为淡白色，尾端呈焦红色。

毒性：毒性较强。

习性：树栖性。日夜都活动，夜间活跃。有冬眠习性。有攻击性。卵胎生。繁殖期一般在6月。

食性：主要以鼠类、蜥蜴、蛙类、鸟类为食。

分布：国外见于中南半岛；中国见于福建、江西、广东、香港、海南、广西、贵州、云南等地。

生境：栖息于开阔的平原、低地及丘陵林地中，常见于溪边、水塘、田埂、低矮灌木丛中以及住宅附近。

保护级别：“三有”野生动物。

鉴赏要点：白唇竹叶青蛇与其他种类的竹叶青蛇区别在于雄性的背部与腹部之间有一条白线，雌性上下唇、腹部黄色或黄白色。白唇竹叶青蛇是我国十大毒蛇之一，它们的毒素主要以血循环毒为主，是世界上伤人最多的蛇类之一。

中国水蛇 *Myrrophis chinensis*（有鳞目 SQUAMATA 水蛇科 Homalopsidae）

俗名：泥蛇、水蛇、金边泥蛇

形态特征：体型短粗，头略大，区别于颈部。眼小，瞳孔圆形，吻端宽钝，鼻孔背位，左右鼻鳞相切，前额鳞较小，额鳞窄长。尾细小，与躯体区分明显。背鳞平滑，背面棕褐色或橄榄绿色，散布众多黑褐色斑点。头颈部常有1条黑褐色纵纹，腹面污白色，腹鳞边缘黑色，体两侧土红色。

毒性：微毒性。

习性：白天及晚上均见活动。长年生活于淡水中，偶尔会离开水面。卵胎生。繁殖季节多在6~7月，8~9月产卵。

食性：主要以鱼类、蛙类为食。

分布：国外见于越南；中国长江以南地区均有分布。

生境：一般生活于平原、丘陵或山麓地区，栖息于溪流、池塘、水田或水渠内。

墨氏水蛇 *Hypsiscopus murphyi*（有鳞目 SQUAMATA 水蛇科 Homalopsidae）
俗名：铅色水蛇、水泡蛇

形态特征：体形小而匀称，尾短。头大小适中，与颈区分不明显。吻较宽短。鼻孔具瓣膜，位于吻端背面，左右鼻鳞彼此相切。眶上鳞前窄后宽，其长超过眶径。背面为一致的灰橄榄色，鳞缘色深，形成网纹。上唇及腹面黄白色，腹鳞中央常有黑点缀连成一纵线。尾下中央有一明显的黑色纵线。

毒性：微毒性。

习性：多于黄昏及夜间活动。喜欢潮湿的环境，大多为定栖。卵胎生。繁殖期 5~6 月。

食性：主要以小型蛙类和蝌蚪为食，也吃小鱼。

分布：国外见于泰国、柬埔寨、越南、老挝、缅甸；中国见于云南、广东、广西、海南、香港、福建、 台湾、江西、浙江、江苏。

生境：栖息于平原、丘陵或低山地区的水稻田、池塘、湖泊、小河等水域环境中。

紫沙蛇 *Psammodynastes pulverulentus*（有鳞目 SQUAMATA 屋蛇科 Lamprophiidae）

俗名：茶斑大头蛇、茶斑蛇、褐山蛇

形态特征: 头略呈三角形，吻端平齐，吻棱明显，眼大，瞳孔为直立椭圆形，颈细，头颈分明。头背及两侧有对称的绿褐色纵纹，向后延伸。头背顶部隐约可见黑色“Y”形纹，体背紫褐色，背鳞平滑无光泽。腹面淡黄色，密布紫褐色细点，有紫褐色纵线或点线数行。

毒性: 后沟牙类毒蛇，微毒。

习性: 陆栖性，善爬树。性凶猛，有强烈的攻击性，常主动攻击。体色较深，与枯枝相似，善伪装隐蔽，在干燥的地方体色可变浅。卵胎生。

食性: 以蛙类、蜥蜴和其他蛇类为食。

分布: 国外见于尼泊尔、印度、缅甸、老挝、越南、印度尼西亚、菲律宾；中国见于福建、台湾、江西、湖南、广东、香港、海南、广西、贵州、云南、西藏。

生境: 通常栖息在平原、沼泽、湿地、稻田、森林、山麓以及水草丰茂处，亦常见于住宅附近路上或石缝中。

保护级别: “三有”野生动物。

鉴赏要点: 紫沙蛇因其体背颜色与紫砂非常相似而得名，也有人称其为茶斑蛇。紫沙蛇为微毒蛇，一般通过噬咬方式捕食，即长时间咬住猎物不放，以保证足够的毒液进入猎物体内，导致猎物活动能力减弱或死亡。

环纹华珊瑚蛇 *Sinomicrurus annularis*（有鳞目 SQUAMATA 眼镜蛇科 Elapidae）

形态特征：小型毒蛇。全长一般 50 cm 左右。头较小，与颈区分不明显。眼小。躯干圆柱形。头背黑色，具两条黄白色横纹，前条细，横跨两眼，后条宽大。背面红褐色，腹面黄白色，具不规则的黑色横斑，部分在身体前段腹面和尾腹的横斑很短，呈圆斑形。体型细长，尾短，末端为坚硬的圆锥形尖鳞。

毒性：前沟牙类毒蛇，毒性较强，主要为神经毒素。

习性：夜行性。行动缓慢。卵生，7~8 月产卵。

食性：以小型蛇类、蜥蜴等为食。

分布：国外见于越南、老挝；国内见于浙江、江西、湖南、贵州、四川、重庆、广西、广东、海南、香港等地。

生境：栖息于丘陵或山区森林的底层，常见于枯枝落叶堆中、石块下以及溪流附近，农田、茶山、村寨周围甚至居民家中偶尔也能见到。

保护级别：“三有”野生动物。

鉴赏要点：环纹华珊瑚蛇是一种体色艳丽、具有独特环纹的蛇类，其头部呈椭圆形，头顶拥有一道显眼的白色横杠状条纹，故又被称为环纹赤蛇或赤伞蛇。

眼镜王蛇 *Ophiophagus hannah*（有鳞目 SQUAMATA 眼镜蛇科 Elapidae）

俗名：过山风、山万蛇

形态特征：大型毒蛇。头部椭圆形，与颈不易区分。顶鳞正后方有 1 对较大的枕鳞，头背色略浅，通身背面黑褐色。颈背具“∧”形黄白色斑纹，自颈以后具几十条镶黑边的白色横纹。头腹乳白色无斑，在颈腹面渐变为黄白色或灰白色，并开始出现灰褐色斑点，斑点在体前段腹面汇聚成几道不规则的灰褐色横斑，横斑间及其后部的斑点密集，使整个腹面呈现灰褐色。

毒性：前沟牙类毒蛇，毒性极强。

习性：日行性。可攀援上树，常出现在近水的地方或隐匿于石缝、洞穴中。性情凶猛，受惊扰时，常竖立起前半身，颈部平扁略扩大，作攻击姿态，并发出“呼呼”声。以落叶和枯枝筑巢穴。卵生。

食性：以捕食蛇类为主，也食鸟类、鼠类、蜥蜴等。

分布：国外见于东南亚地区；中国见于西藏、云南、贵州、四川、广西、广东、香港、海南、福建、浙江、江西、湖南等地。

生境：栖息于沿海低地、丘陵至海拔 1800 m 的山区，喜水源丰富、林木茂盛的地方。

保护级别：中国《国家重点保护野生动物名录》二级。

鉴赏要点：眼镜王蛇是世界上最长的毒蛇之一，一般长约 3 m，是中国致死率非常高的毒蛇。当食物不充足时，眼镜王蛇甚至连其同类也吃，因此，其又被称为“蛇类煞星”。眼镜王蛇是已知唯一会为它们的卵筑巢穴的蛇类，常以落叶和枯枝筑巢。

舟山眼镜蛇 *Naja atra*（有鳞目 SQUAMATA 眼镜蛇科 Elapidae）

俗名：万蛇、饭铲头、中华眼镜蛇

形态特征：中大型毒蛇。头椭圆形，与颈不易区分。颈背可见“双片眼镜”状斑纹，部分个体“眼镜”状斑纹不规则或不明显。体背面黄褐色、深褐色或黑色，具若干条白色横纹，少数个体无横纹或横纹不明显。腹面前段污白色，后部灰黑色或灰褐色。

毒性：前沟牙类毒蛇，毒性强烈，可致死。

习性：日行性，喜阳，耐热性较强。受惊时常直立起前半身，颈部平扁扩大，作攻击姿态。卵生，6~8 月产卵。

食性：杂食性，以鼠类、蛙类、蜥蜴、鸟类、鱼类和其他蛇类等为食。

分布：国外见于越南、老挝、柬埔寨；中国长江以南大部分省区均有分布。

生境：栖息于海拔 70~1600 m 的平原、丘陵和低山中，常见于农田、灌丛、溪边等地。

保护级别：“三有”野生动物。

鉴赏要点：《蛇赋》曰：“曲线之美，首推吾蛇。体曲如蟠，锦身似绣。四灵之一，人称小龙。”其亦被称为“中华眼镜蛇”。英国考察队在舟山群岛第一次捕获该物种，故冠以“舟山眼镜蛇”之名。

金环蛇 *Bungarus fasciatus*（有鳞目 SQUAMATA 眼镜蛇科 Elapidae）

俗名：黄节蛇、金甲带、黄金甲

形态特征：体长多在 1~1.5 m 之间。头椭圆形，与颈部略可区分，体较粗壮，背脊棱起，尾极短，略呈三棱形，尾末端钝圆而略扁。头部黑色或黑褐色，枕部有浅色倒“V”形斑。躯干及尾背腹面黑色，具均匀一致的黄色环纹，有的黄色环纹中央有黑点。无颊鳞，背鳞平滑，脊鳞扩大呈六角形，肛鳞完整。

毒性：前沟牙类毒蛇，毒性猛烈，以神经毒素为主。

习性：夜行性，怕见光。性情温顺，行动迟缓，不主动攻击人。卵生，每年 4~5 月交配。

食性：主要捕食其他蛇类，也吃鼠类、蜥蜴、蛙类及鱼类，偶尔吃蛇卵。

分布：国外见于越南、老挝、柬埔寨、缅甸、泰国、马来西亚、印度；中国见于云南、江西、福建、广东、广西。

生境：栖息于海拔 1000 m 以下的平原或低山中，生活在植被覆盖较好的池塘附近、溪沟边或水稻田边等阴湿环境，多盘曲于石缝、树洞、乱石堆、灌草丛中。

保护级别：“三有”野生动物、广东省重点保护陆生野生动物。

鉴赏要点：因其有醒目的金黄色环纹，故名“金环蛇”“黄金甲”。其毒性为银环蛇的 10 倍以上，但其行动缓慢，且不会主动攻击人类，故民间有俗语“惹金莫惹银，惹银害死人”之说。

银环蛇 *Bungarus multicinctus*（有鳞目 SQUAMATA 眼镜蛇科 Elapidae）

俗名：银甲带、银包铁、花扇柄

形态特征：中等偏大的毒蛇。头椭圆且略扁，脊鳞扩大呈六边形。吻端圆钝，与颈略可区分。鼻孔较大，眼小，瞳孔圆形。头背为黑色或黑褐色，体、尾背面具黑白相间的环状斑纹，通身白环宽度皆明显小于相邻黑环宽度。腹面污白色。尾短，末端略尖细。幼体枕部有 1 对较大的白色斑，随年龄增长逐渐褪去。

毒性：前沟牙类毒蛇，毒性极强，主要为神经毒素，可致死。

习性：昼伏夜出，夜晚到水源地附近捕食。耐饥力强。卵生。交配期为 8 ~ 11 月份。

食性：主要以鱼类、蛙类、鼠类和其他蛇类为食。

分布：国外见于缅甸、越南、老挝；中国长江以南大部分省区均有分布。

生境：栖息于平原沿海、沿江或沿湖低地至海拔 1300 m 的丘陵、山区以及山麓近水的地方，常出现于田边、路旁、菜园、草丛和近水的坟堆附近。

保护级别："三有"野生动物。

鉴赏要点：银环蛇是中国毒性最强的蛇类之一，致死率非常高；在中国，银环蛇致人死亡数量巨大。它是除细鳞太攀蛇、东部拟眼镜蛇和太攀蛇外，陆地上毒性最猛烈的第四大毒蛇，在世界上毒蛇综合排位(含海蛇)中位列第八。

繁花林蛇 *Boiga multomaculata*（有鳞目 SQUAMATA 游蛇科 Colubridae）

俗名：赤斑蛇、南大头蛇、褐斑蛇

形态特征： 头大，略呈三角形。头顶有成对大鳞片，两侧有 2 条黑线。眼后到口角也有黑线，颈细。体型细长，略侧扁。背面红褐色，背鳞显著扩大。背脊有 1 条淡褐色纵纹，其两侧各有 1 行彼此交错的深褐色大斑，腹侧为深褐色小斑，头背有深褐色“V”状斑，自吻两侧经眼至口角有带状斑。

毒性： 后沟牙类毒蛇，微毒。

习性： 夜行性。树栖，有攀援习性。受惊扰时头部向上，颈弯成“S”形，张口作攻击姿势，并摆动尾部。卵生，8 月左右产卵。

食性： 以鸟类、蜥蜴、鼠类为食。

分布： 国外见于缅甸、泰国、柬埔寨、老挝、越南、马来西亚、印度尼西亚；中国见于云南、贵州、浙江、江西、湖南、福建、广东、海南、广西等地。

生境： 生活于山区的灌丛树林上或有树林的丘陵地区。

保护级别： “三有”野生动物。

鉴赏要点： 微毒的繁花林蛇和剧毒的原矛头蝮在外貌和习性上有很多相似之处。繁花林蛇眼睛很大，而原矛头蝮的眼睛比较小，深陷在头部鳞片之中，因此眼睛大小是最容易辨别出这两类蛇种的特征。

台湾小头蛇 *Oligodon formosanus*（有鳞目 SQUAMATA 游蛇科 Colubridae）
俗名：台湾秤杆蛇

形态特征：体型较粗胖。体背有距离相等的黑褐色波浪状横纹，约一片鳞宽。头较短小，与颈区分不明显。背面褐色或棕黄色，自颈至尾有许多等距离的黑褐色横波状纹，正中央有1条极明显的猩红色窄纵纹，此纹或为粉红色、红褐色、红棕色。腹面暗粉红色或棕白色，两旁杂有细褐斑，有侧棱。

毒性：无毒。

习性：夜间活动。行动缓慢。性温驯但略具攻击性，受到威胁时会将全身盘起来并将头抬高，像响尾蛇一样摇动尾部并伺机攻击。卵生，于夏季产卵。

食性：以其他爬行类的卵、蛙类、蜥蜴为食。

分布：中国见于云南、贵州、浙江、江西、湖南、福建、台湾、广东、海南、广西。

生境：栖息于平原、丘陵、山区地带，常见于树林、灌丛、石堆、草地、农田、山道、菜园等潮湿环境中，亦偶见于开阔地或民宅。

保护级别：“三有”野生动物。

鉴赏要点：台湾小头蛇上颚最后2枚上颌齿显著增大，向后弯曲，呈廓尔喀弯刀状，称为“刀齿”。蛙类和蟾蜍被捕食时，出于自卫会吸气使身体膨胀，使蛇类吞咽困难。而刀齿具有切割的功能，可以将蛙类和蟾蜍的表皮划开，放出它们体内的气体，便于台湾小头蛇吞食。刀齿还能切开爬行动物的卵。

滑鼠蛇 *Ptyas mucosus*（有鳞目 SQUAMATA 游蛇科 Colubridae）

俗名：水律蛇、乌肉蛇、草锦蛇

形态特征：体长可达 2 m 以上。头较长，眼大而圆，瞳孔圆形。头部黑褐色，唇鳞淡灰色，背面棕色，体后部有不规则的黑色横斑，至尾部形成黑色网状纹。腹面黄白色，腹鳞及尾下鳞的后缘为黑色。

毒性：无毒。

习性：昼夜活动，白天常在近水的地方活动。行动比较敏捷，性凶猛，受惊扰时会竖起前半身，发出“嘶嘶”声，左右侧偏摇摆作攻击状。卵生，每年 7~8 月产卵。

食性：捕食蛙类、蜥蜴、鸟卵、鼠类和其他蛇类等。

分布：国外见于印度、印度尼西亚，阿富汗至东南亚等地区；中国见于浙江、安徽、江西、福建、台湾、四川、贵州、云南、湖北、湖南、广东、海南、广西等地。

生境：生活于平原及山地或丘陵地区，最高可分布于海拔 2000 m 的山地。

保护级别：“三有”野生动物。

鉴赏要点：滑鼠蛇嗜食鼠类，是捕鼠高手，在珠江三角洲部分地区人们特意将滑鼠蛇放到田间，利用其灭鼠。

灰鼠蛇 *Ptyas korros*（有鳞目 SQUAMATA 游蛇科 Colubridae）

俗名：过树榕、过树龙、细纹南蛇

形态特征：中大型蛇，体型略细长。头长而小，略呈椭圆形，可与颈区分。眼大而圆，瞳孔圆形。背面棕褐色或橄榄灰色，躯干后部和尾背鳞片边缘黑褐色，整体略显网纹。体中、后部每一片背鳞中央均有黑褐色纵线，前后缀连成黑褐色纵纹。体后部及尾部鳞缘黑褐色。腹面淡黄色。

毒性：无毒。

习性：昼夜活动，阴雨天活动较为频繁。行动敏捷，性胆小温和，具有断尾逃逸的习性。常攀援于溪流或水塘边的灌木或竹丛上，有时也到地上寻找食物。卵生，每年 5 ~ 6 月产卵。

食性：主要捕食鼠类、蛙类、鸟类和蜥蜴，也吃其他小型蛇。

分布：国外见于印度、孟加拉国、缅甸、泰国、马来西亚、新加坡等；中国主要见于南方各省区。

生境：栖息于海拔 100 ~ 1600 m 的平原、丘陵和山区地带，常见于草丛、灌丛、稻田、路边、村舍附近。

保护级别：“三有”野生动物。

鉴赏要点：灰鼠蛇因喜欢捕食鼠类而得名。该蛇常攀援于溪流或水塘边的灌木或竹丛上，故在民间有“过树榕”美称。

翠青蛇 *Ptyas major*（有鳞目 SQUAMATA 游蛇科 Colubridae）

俗名：青蛇、青竹刀、小青龙

形态特征：身体细长，体形中等。吻端窄圆，头呈椭圆形，略尖，头部鳞片大，和竹叶青蛇的细小鳞片有明显区别。眼大，呈黑色，瞳孔圆形。全身平滑有光泽，体色为深绿色、黄绿色或翠绿色，但死后或濒死时身体会变成蓝色。头部腹面及躯干部的前端腹面为淡黄色微呈绿色，尾细长。背平滑无棱，背有弱小刺。

毒性：无毒。

习性：白天和晚上都会活动。动作迅速而敏捷，性情温和，不攻击人。一般在春夏时节繁殖，卵生。

食性：主要捕食蚯蚓、蛙类、昆虫。

分布：国外见于越南、老挝；中国见于安徽、重庆、福建、甘肃、广东、广西、贵州、海南、河南、湖北、湖南等地。

生境：栖息于山地阔叶林和次生林中，中低海拔的山区，丘陵和平地，常于草木茂盛或阴蔽潮湿的环境中活动。

保护级别：“三有”野生动物。

鉴赏要点：翠青蛇因通身绿若翡翠而得名；在民间也被称为“小青蛇”，相传是《白蛇传》中小青的化身。因外形、颜色相似，常被误认为是毒蛇竹叶青。

黑眉锦蛇 *Elaphe taeniura*（有鳞目 SQUAMATA 游蛇科 Colubridae）

俗名：广花蛇、秤星蛇、锦蛇

形态特征：体长可达 2 m，头和体背呈黄绿色或棕灰色。眼睛后方有明显的黑色花纹，体背的前、中段有黑色梯形或蝶状斑纹，看起来好像秤星，故又名“秤星蛇”，由体背中段往后斑纹逐渐消失，但中央具有数行背鳞。雌雄尾长无差异。

毒性：无毒。

习性：善攀爬，行动敏捷。性情较粗暴，受惊扰时，竖起头颈离地 20 ~ 30 cm，身体呈“S”状，作攻击之势。卵生。

食性：主要以鼠类、麻雀、蛙类等为食。

分布：国外见于朝鲜、越南、老挝、缅甸、印度等；中国大部分地区均有分布。

生境：栖息于高山、平原、丘陵、草地、田园、村舍附近，也常在稻田、河边及草丛中活动。

保护级别：“三有”野生动物。

三索锦蛇 *Coelognathus radiatus*（有鳞目 SQUAMATA 游蛇科 Colubridae）

俗名：三索颌腔蛇、三索线、广蛇

形态特征：背面浅棕色、黄棕色或灰棕色，因眼后及眼下方有3条放射状黑纹而得名。顶鳞后缘有一黑横斑纹，两端止于两口角，体前端有3条宽窄不等的黑索，背侧1条较宽，中间1条较窄，腹侧1条不完全连续，黑索向体后延伸时，色变淡，至体中段渐消失。腹面淡棕色，散有淡灰色细斑，腹鳞两端密布灰色点斑。

毒性：无毒。

习性：昼行性。性情较粗暴，受惊扰时，常张开大口，体前段侧扁并弯曲呈“S”形。遇敌害时有“假死”习性。常在池塘边草丛或荒石堆中活动。卵生，6~7月产卵。

食性：以小型哺乳动物、蛙类、蜥蜴、鸟类等为食。

分布：国外见于印度尼西亚、马来西亚、泰国、尼泊尔、缅甸、老挝、柬埔寨、孟加拉国、新加坡、印度、不丹；中国见于香港、广东、广西、福建、贵州、云南。

生境：栖息于海拔300~1400 m的平原、丘陵、山区河谷地带。常见于山坡草丛中、甘蔗地里、公路边。

保护级别：中国《国家重点保护野生动物名录》二级。

鉴赏要点：三索锦蛇的最大特征是眼后及眼下有3条黑线，且呈放射状，所以人们也称其为“三索线蛇”。

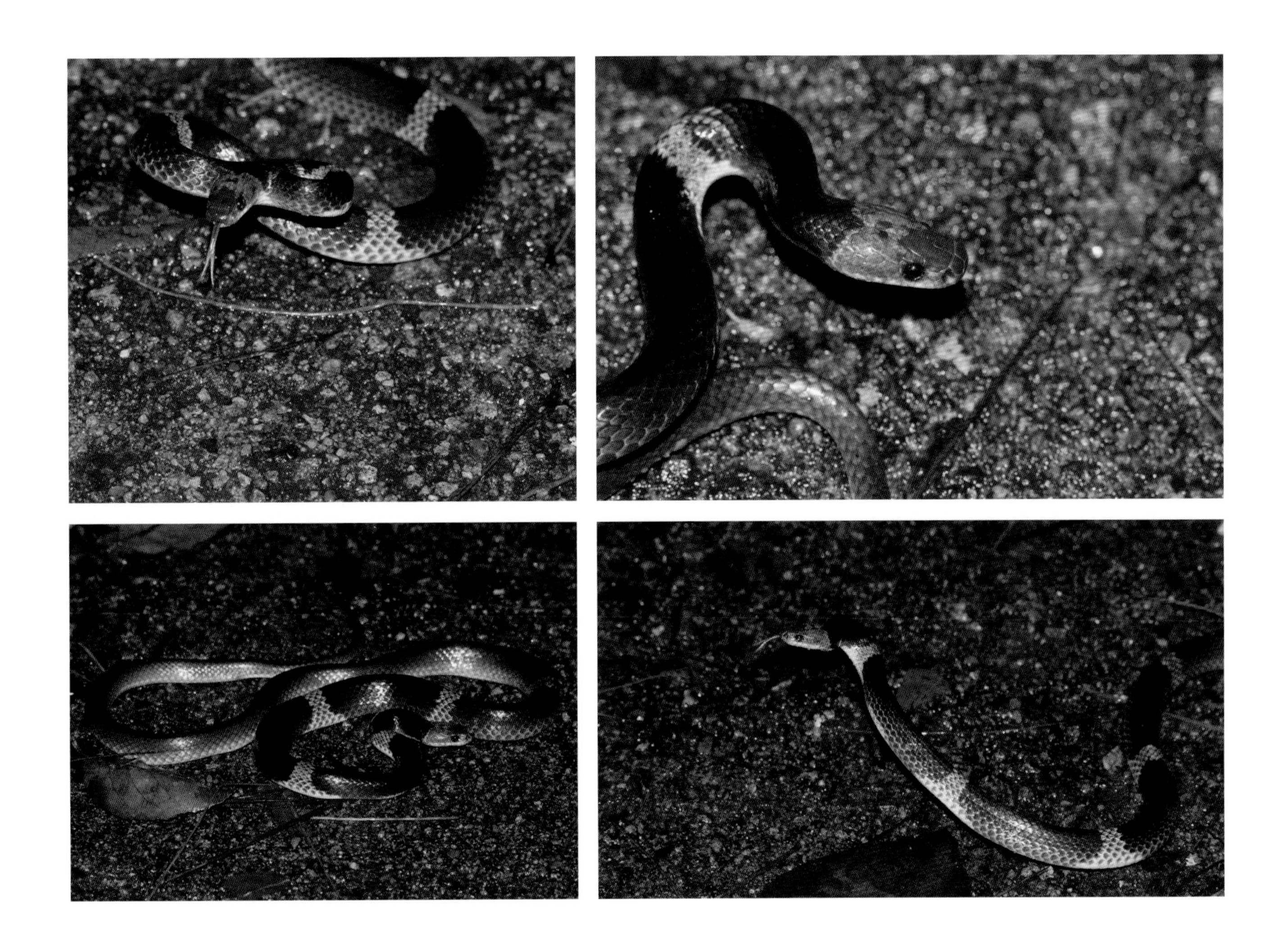

暗环白环蛇 *Lycodon maculatus*（有鳞目 SQUAMATA 游蛇科 Colubridae）

形态特征：中小型蛇类。体形中等偏小，头略大而稍扁，与颈略微可区分。眼大小适中，瞳孔直立，椭圆形。幼体背面黑色或黑褐色，头背及枕部有 1 个较宽大的白色横斑，体背具数十个白色环纹。成体头、背灰褐色，枕部颜色较白。体前段环纹明显，黑白分明。腹面白色。自体中后段起，体背颜色转为灰褐色，白色环纹模糊或消失。

毒性：无毒。

习性：夜行性。攻击性较强。常在林地植被中活动，有时会爬上树。卵生。

食性：以蜥蜴为食。

分布：国外见于泰国、老挝、越南；中国见于广东、海南、广西、香港、澳门、湖南、福建。

生境：栖息于沿海低地到海拔 500 m 的平原、丘陵及山区等环境。

保护级别：“三有”野生动物。

鉴赏要点：暗环白环蛇身上的黑白环间纹易与剧毒的银环蛇混淆，但暗环白环蛇的黑白间纹相对疏散，不规整，数量较少、宽度比较一致，身体圆润。

草腹链蛇 *Amphiesma stolatum*（有鳞目 SQUAMATA 水游蛇科 Natricidae）

俗名：花浪蛇、草花蛇、黄头蛇

形态特征：小型蛇类。头椭圆形，头大小适中，与颈可以区分。头颈部黄褐色或红褐色，腹鳞白色，多有黑褐色点斑，前后缀连成链纹，尾腹面白色无斑。体尾背面黄褐色，体背两侧各有 1 道浅色纵纹，自颈后延伸至尾末，身体前段纵纹较为模糊，中后段纵纹较为明显。

毒性：无毒。

习性：常于稻田、静水水域活动，或在田埂、草丛中捕食。卵生。

食性：主要捕食蛙类、鱼类等。

分布：国外见于不丹、巴基斯坦、印度、斯里兰卡、尼泊尔、缅甸、泰国、越南、老挝、柬埔寨；中国长江以南大部分地区均有分布。

生境：栖息于平原、丘陵、低山靠近水源之处。

保护级别：“三有”野生动物。

鉴赏要点：草腹链蛇在中国台湾被称为“土地公蛇”，传说草腹链蛇是土地公儿子的化身，因而人们不会伤害草腹链蛇。

棕黑腹链蛇 *Hebius sauteri*（有鳞目 SQUAMATA 水游蛇科 Natricidae）

俗名：棕黑游蛇、梭德氏游蛇

形态特征： 小型蛇类，体长 70 cm 以上，体色为黄褐色、红褐色至褐色，腹面为白色或黄色，上唇有一白色的条纹向右后方延伸至颈部背面，且呈倒“V”形，至颈部背面转为黄色，身上的点状细斑连成一条纵线。

毒性： 无毒。

习性： 日夜均会活动，以晨昏为主。常于潮湿地带（如水边、沟渠内）活动。性情极为温驯。卵生。

食性： 以蚯蚓、小型蛙类及其蝌蚪为食。

分布： 国外见于越南；中国见于长江以南地区。

生境： 栖息于低海拔山区的丘陵地、草丛、灌丛、溪流、森林底层和流水沟中。

保护级别： “三有”野生动物。

坡普腹链蛇 *Hebius popei*（有鳞目 SQUAMATA 水游蛇科 Natricidae）
俗名：黑链游蛇

形态特征：头较长圆，眼较大，瞳孔圆形。头背及颈部棕色或棕红色，上唇鳞灰白色，鳞缝棕黑色，枕部两侧各有 1 个黄斑。体背面、两侧黑灰色，中间棕黑色或黑褐色，两侧各有 1 条点线状的浅色纵纹。腹面黄色，每 1 枚腹鳞两侧各有 1 个小黑斑，前后连缀成链状纵纹。

毒性：无毒。

习性：卵生。

食性：食蛙类。

分布：中国分布于贵州、湖南、广东、海南、广西。

生境：生活于海拔 1000 m 以下的山区，多见于稻田中。

保护级别：“三有”野生动物。

海勒（北方）颈槽蛇 *Rhabdophis helleri*（有鳞目 SQUAMATA 水游蛇科 Natricidae）

俗名：北方颈槽蛇、红脖游蛇

形态特征：中小型蛇类，头椭圆形，与颈区分明显。眼较大，瞳孔圆形。颈背正中两行背鳞具一个纵行浅凹槽，通身背面橄榄绿色，背鳞全部具棱或仅最外行平滑，颈部以及体前段猩红色。腹面黄白色。口腔内的达氏腺和颈背颈腺的分泌物有毒。受到惊扰时，体前段膨扁，颈部及体前段的猩红色更加醒目。

毒性：剧毒。

习性：日行性。卵生。

食性：捕食两栖类动物。

分布：国外见于东南亚地区；国内见于广西、广东、香港、福建、江西、云南、贵州、四川。

生境：栖息于海拔 1600 m 以下的中低山区，常在山地、丘陵的溪流边及林地边缘活动。

保护级别：“三有”野生动物。

鉴赏要点：海勒颈槽蛇颈槽中的白色毒液来自蟾蜍，海勒颈槽蛇吞食蟾蜍后，会把蟾蜍的毒液吸收转存于颈腺。当其受到攻击时，会把颈腺中储存的毒液喷出。

香港后棱蛇 *Opisthotropis andersonii*（有鳞目 SQUAMATA 水游蛇科 Natricidae）

形态特征：小型蛇类。头较小，与颈区分不太明显。背面深橄榄蓝色，鳞缘带白色，腹面及最外 1 行背鳞黄色，下唇鳞及颏片暗蓝色。

毒性：无毒。

习性：常待在水中，很少上岸。

食性：捕食溪虾和水生环节动物。

分布：中国特有种，分布于香港、广东。

生境：栖于海拔 300 m 左右的山区沼泽地中。

保护级别：“三有”野生动物。

鉴赏要点：香港后棱蛇常生活在弱碱性优质水环境中，被视为环境优劣指示生物。

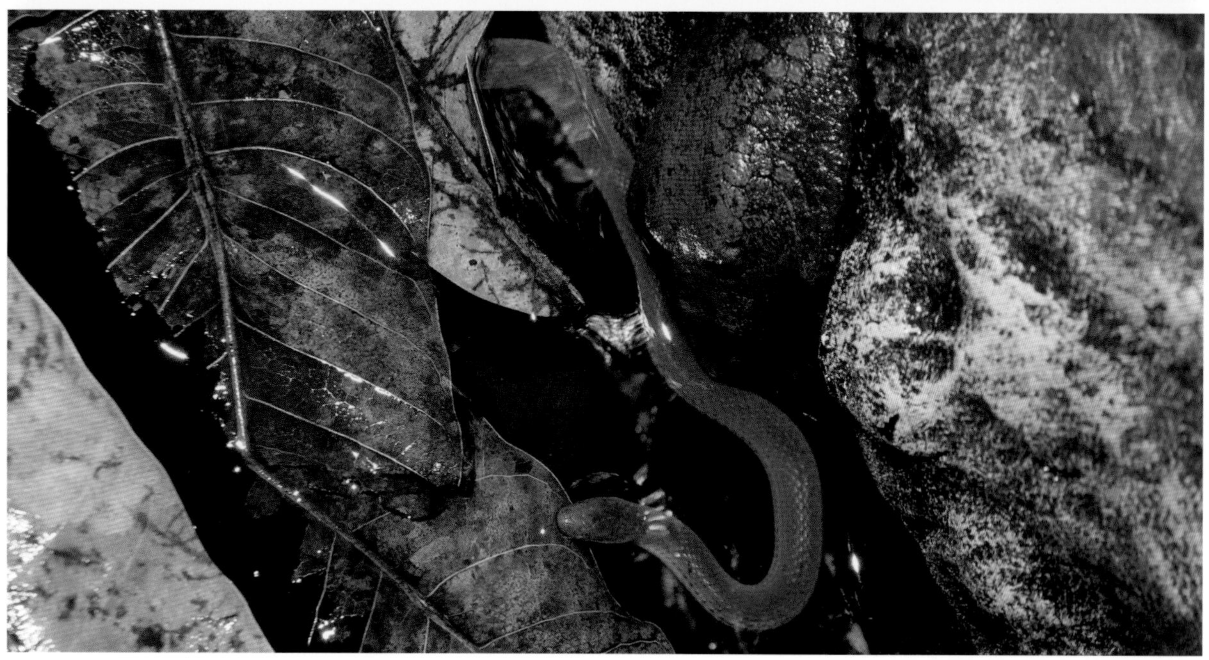

环纹华游蛇 *Trimerodytes aequifasciata*（有鳞目 SQUAMATA 水游蛇科 Natricidae）

俗名：水老蛇

形态特征：中型蛇类，较粗，全长 920 ~ 1140 mm。头较宽，略扁，吻稍钝，眼较大，鼻间鳞前端极窄，背面棕色、棕褐色、棕黄色或灰绿色，全身具棕黑色粗大环纹，环纹在体侧交叉形成“X”形斑，环纹镶黑色或黑褐色边，中央绿褐色。腹面黄白色或灰白色。

毒性：无毒。

习性：晚上比较活跃。卵生。

食性：主要以鱼类、蛙类等为食。

分布：中国见于云南、贵州、浙江、江西、湖南、福建、广东、香港、海南、广西等地。

生境：生活于平原、丘陵及低山地区的河边、溪旁，亦见于树上。

保护级别：“三有”野生动物。

乌华游蛇 *Trimerodytes percarinata*（有鳞目 SQUAMATA 水游蛇科 Natricidae）

俗名：乌游蛇、白腹游蛇 、草赤链

形态特征: 体形中等偏小。头椭圆形，与颈区分明显。鼻孔位于头背，眼较小。头背橄榄灰色，上唇鳞色稍浅淡，头腹灰白色。体、尾背面暗橄榄绿色，体侧浅橘红色，具若干明显的黑褐色环纹，一般均呈“Y”形。腹面灰白色，体侧的黑褐色环纹延续到腹中线交错排列。尾下鳞边缘黑色，构成尾腹面双行网格及左右尾下鳞沟交错而成的中央黑色折线纹。

毒性：无毒。

习性：日行性，半水栖。常出没于稻田、水塘、溪流等水源地附近。卵生。

食性：以鱼类、蛙类、虾类等为食。

分布：国外见于泰国、越南、缅甸；中国见于长江以南地区。

生境: 栖息于海拔 100 ~ 1646 m 的平原、丘陵或山区。常出没于稻田、溪流、大河等水域附近。

保护级别：“三有”野生动物。

黄斑渔游蛇 *Fowlea flavipunctatus*（有鳞目 SQUAMATA 水游蛇科 Natricidae）

俗名：草花蛇、渔游蛇、渔蛇

形态特征： 长 0.5 ~ 1 m，头长椭圆形，与颈区分明显。体色变化较大，背面灰褐色、深灰色、灰棕色、橄榄绿色、暗绿色、黄褐色或橘黄色，自颈后至尾有黑色网纹，网纹两侧有醒目的黑斑。头背灰绿色，眼下至唇边有一条短黑纹，眼后至口角有长黑纹，颈部有 1 个“V”形黑斑。腹面白色、黄白色或淡绿黄色，腹鳞基部黑色，使整个腹面呈现等距离的黑横纹。

毒性： 无毒。

习性： 性凶猛。夜行性。半水栖，能在水中潜游。每年 5~7 月产卵，自然孵化期为 1 个多月。

食性： 主要捕食鱼类、蛙类、蝌蚪、蛙卵、蜥蜴等。

分布： 国外见于越南、老挝、柬埔寨、缅甸、泰国、马来西亚；中国主要见于长江以南地区。

生境： 多栖息于山区丘陵、平原及田野的河湖水塘边。

保护级别： “三有”野生动物。

鉴赏要点： 黄斑渔游蛇的性格极其凶猛，虽是无毒蛇，但是攻击性特别强。在夜晚，它喜欢“打游击战”，如遇攻击会咬一口敌人后迅速离开。

参考文献

[1] 刘阳，陈水华 . 中国鸟类观察手册 [M]. 长沙：湖南科学技术出版社，2021.

[2] 深圳观鸟协会，深圳市野生动植物保护管理处 . 深圳野生鸟类 [M]. 成都：四川大学出版社，2009.

[3] 萧木吉 . 台湾山野之鸟 [M]. 台北：北市野鸟学会，2015.

[4] 萧木吉 . 台湾水边之鸟 [M]. 台北：北市野鸟学会，2015.

[5] 黄志雄，梁亦淦，周宏 . 广东乐昌鸟类图鉴 [M]. 广州：广东科技出版社，2019.

[6] 徐讯，黄宝平，周行 . 深圳常见野生动物观察手册 [M]. 北京：科学出版社，2019.

[7] 米红旭，符惠全 . 海南鹦哥岭两栖及爬行动物 [M]. 海口：南海出版社，2019.

[8] 熊欣，张亮 . 南岭自然观察手册 [M]. 广州：广东科技出版社，2015.

[9] 刘明玉 . 中国脊椎动物大全 [M]. 沈阳：辽宁大学出版社，2000.

[10] 蒋志刚，马勇，吴毅，等 . 中国哺乳动物多样性及地理分布 [M]. 北京：科学出版社，2015.

[11] Andrew T.Smith. 中国兽类野外手册 [M]. 长沙：湖南教育出版社，2009.

[12] 郑光美 . 中国鸟类分类与分布名录（第四版）[M]. 北京：科学出版社，2023.

[13] 费梁 ，叶昌媛，江建平，等 . 中国两栖动物及其分布彩色图谱 [M]. 成都：四川科技出版社，2012.

[14] 赵尔宓，赵肯堂，周开亚，等 . 中国动物志：爬行纲第二卷有鳞目蜥蜴亚目 [M]. 北京：科学出版社，1999.

[15] 佟富春，黄子峻，肖以华，等 . 广州市帽峰山森林公园鸟类多样性研究 [J]. 热带地理，2023，43（9）：1726-1737.

[16] 胡慧建，张春兰，张亮，等 . 广东省陆生野生脊椎动物资源 · 广州篇 [M]. 广州：广东科技出版社，2023.

[17] 肖以华，付志高，许涵，等 . 城市化对珠江三角洲不同功能群植物叶片功能性状的影响［J］. 生态环境学报，2022，31(09)：1783-1793.

中文名称索引

J

L

M

N

学名索引

D

E

F

G

H

I

T

U

Z